Karte von Humboldts Tierbeobachtungen

ALEXANDER
VON HUMBOLDT

Tierleben

Herausgegeben und
mit einem Nachwort von
Sarah Bärtschi

FRIEDENAUER PRESSE

Von der Alten in die Neue Welt

Auf das Zusammenwirken der Kräfte, den Einfluß
der unbelebten Schöpfung auf die belebte
Thiere- und Pflanzenwelt; auf diese Harmonie
sollen stäts meine Augen gerichtet seyn.

ALEXANDER VON HUMBOLDT AM TAG SEINER ABREISE

Wir schreiben den 5. Juni 1799, Alexander von Humboldt sticht von der spanischen Hafenstadt La Coruña in See. Gerade einmal 29 Jahre alt ist er zu diesem Zeitpunkt. Dennoch hat sich der junge Preuße bereits einen Namen in der deutschen und französischen Wissenschaftsgemeinschaft gemacht. Er kann auf über 100 veröffentlichte Studien und Aufsätze zu botanischen, geologischen, physikalischen und astronomischen Themen sowie auf fünf Buchpublikationen zurückblicken. Seine Versuche über das Entstehen von grüner Farbe bei unterirdischen Pflanzen oder seine Experimente mit der Muskelfaser am eigenen Körper haben unter namhaften Forschern für Aufsehen gesorgt. Von Fernweh und Wissensdrang getrieben, verzichtet er auf eine Karriere im preußischen Staatsdienst und siedelt in die Wissenschaftsmetropole Paris über, um sich von dort nach Möglichkeiten einer Überseefahrt umzusehen. Mehrere Vorhaben scheitern, darunter eine Teilnahme als Forscher an Napoleons Ägyptenfeldzug, bis Humboldt schließlich beim spanischen König vorstellig wird und von ihm die großzügige Erlaubnis erhält, uneingeschränkt durch dessen Kolonien zu reisen. Nun ist der große Augenblick da, Humboldt überquert an Bord der *Pizarro* den Atlantischen Ozean. Nach sechs Fahrtwochen mit einem Zwischenhalt auf Teneriffa landet er am 16. Juli 1799 in Cumaná, an der Küste des heutigen Venezuela. Ziel seiner Reise ist die Erforschung des amerikanischen Kontinents, über den man in der Alten Welt zu dieser Zeit nur vage Vorstellungen hat. Mit Enthusiasmus und Disziplin macht Humboldt sich daran, in den folgenden fünf Jahren Flora und Fauna, Landschaft und Kultur Südamerikas zu beschreiben.

Als Humboldts Reisegefährten werden wir mit ihm unberechenbaren Flussläufen folgen, dichtes Dickicht durchqueren, in unwirtliche Höhlen vorstoßen und die höchsten Bergketten erklimmen. Überall wird er uns faszinierende Wesen der Neuen Welt zeigen. Mal sind es kleine, fast unsichtbare Tiere, die unsere Wege kreuzen, dann wieder große, gefährliche. Im Wasser bringen sie unsere Körper zum Leuchten und lähmen sie wenig später mit elektrischen Schlägen. Wir blicken kurz nach Neapel ins Labor, um zu erfahren, dass die elektrischen Fische Europas viel schwächer sind als die Zitteraale der südamerikanischen Sümpfe. Wenn Humboldt den Manati – die große Seekuh des Orinoco – seziert, schauen wir ihm über die Schulter, messen die Breite der Flosse und der Schnauze. Jeden Rückenwirbel zählen wir und tragen die Ergebnisse sorgfältig in Tabellen ein. Wir beobachten, wie ein junges Mädchen von einem Krokodil angegriffen wird und wie die Indigenen im Sand verscharrt schlafen, um sich vor den Stichen der Moskitos zu schützen. In den Wäldern wenden sich melancholische und misstrauische Affen von uns ab, während wir gesellige und lebhafte in geflochtenen Körben mittragen. Wir hören, wie sich das Schreien der Affen mit dem Schnarchen der Süßwasser-Delfine zu einem unheimlichen, doch wunderbaren Orchester vereint. In den Höhlen harren wir so lange aus, bis sich unsere Augen an die Dunkelheit gewöhnt haben und wir das Gewölbe und die Behausung der Nachtvögel studieren können. Noch bewegt vom Anblick des amerikanischen Tigers folgen wir Humboldt hinab in die Grotte und erfahren vom Papageien, der als einziges Wesen die Sprache einer untergegangenen Kultur bewahrt. Tobende und speiende Vulkane erwarten uns in den Lüften, die die Einöde mit ausgeworfenen Kraterfischen beleben. Und ganz zuletzt, als wir die Spannweite des Kondors vermessen haben, steigen wir mit ihm in die majestätische Einsamkeit der Anden auf.

Sarah Bärtschi

Im Wasser

Medusen

Das Meeres-Leuchten ist eine der schönsten Natur-Erscheinungen; sie erregt Bewunderung, ungeachtet man sie Monate lang jede Nacht sehen kann. Die See leuchtet in jedem Breite-Grad; wer aber nicht Augenzeuge dieser Erscheinung in der heißen Zone und besonders im Stillen-Meere gewesen, kann nur einen unvollkommenen Begriff von der Herrlichkeit eines solchen Schauspiels haben. Wenn ein Kriegsschiff, von neuem Winde gestoßen, die schäumigen Wogen spaltet, und der Zuschauer auf demselben nahe am Wand-Taue steht, so kann er nicht genug das schöne Phänomen, welches sich seinem Auge darbietet, betrachten. So oft die Seite des Schiffes vollends vom Wasser emporsteigt, scheinen Strahlen röthlichen Lichtes vom Kiele nach der Meeres-Oberfläche hinauf zu hüpfen. Le Gentil und der ältere Forster erklärten das Erscheinen dieser Strahlen durch das elektrische Reiben des Wassers an dem segelnden Schiffe. Allein nach dem jetzigen Standpunkte der Wissenschaft ist diese Erklärung nicht mehr zulässig.

Es ist wohl über wenige Gegenstände in der Naturgeschichte so viel gestritten worden, als über das Meeres-Leuchten; was wir mit Bestimmtheit über diesen Gegenstand wissen, läßt sich auf folgende Thatsachen zurückführen. Es giebt verschiedene leuchtende Molusken, die während ihres Lebens nach Willkühr ein schwaches phosphoriges Licht, das gewöhnlich von bläulicher Farbe ist, von sich geben. Man hat dies bemerkt an der Nereis noctiluca, an der Medusa pelagica und an der Monophora noctiluca, die auf Capitain Baudin's Reise entdeckt wurden. Zu diesen gehören auch die mikroskopischen Thierchen, die bis jetzt noch nicht bestimmt und von Forster nicht weit vom Vorgebirge der guten Hoffnung in ungeheurer Menge in dem Meere schwimmend gesehen worden sind. Das Leuchten des Meeres wird zuweilen von diesen lebenden Laternen verursacht. Ich sage: zuweilen, denn in den meisten Fällen ist, auch bei dem Gebrauch der Vergrößerungsgläser, kein Thierchen im leuchtenden Wasser zu bemerken und dennoch, so oft die Welle schäumend an einem harten Körper bricht, und so oft das Wasser in starke Bewegung geräth, erzeugt sich ein dem Blitz-Strahl ähnliches Licht. Diese Wirkung hat wahrscheinlich ihren Ursprung in den aufgelösten Fäserchen todter Molusken, die sich in unendlicher Menge in der Meeres-Tiefe befinden. Läßt man dies leuchtende Wasser durch ein Stück dichten Tuches fließen, so sondern sich diese Fäserchen zuweilen unter der Gestalt von leuchtenden Punkten aus demselben ab. Als wir uns des Abends in dem Meerbusen Cariaco nicht weit von Cumana badeten, blieben einige Theile unseres Körpers, wie wir aus dem Wasser herauskamen, leuchtend. Die leuchtenden Fasern hingen an der Haut. – Es darf eben nicht auffallen, daß das Meeres-Wasser von der ungeheuren Menge von Molusken, die durch alle Meere der heißen Zone zerstreut sind, leuchtend wird, wenn auch wirklich kein organischer Stoff aus demselben abgesondert werden kann. Die unendliche Abtheilung aller todten Körper der Dagysen und Medusen kann bewirken, daß man das ganze Meer als eine zähe Flüssigkeit ansieht, die demnach auch leuchtend ist, einen widrigen Geschmack hat, von dem Menschen nicht getrunken werden kann, vielen Fischen aber Nahrung gewährt. Reibt man ein Brett mit einem Theile des Körpers der Medusa ein, so wird die beriebene Stelle, so oft der Finger, wohl getrocknet, über dieselbe gebracht wird, leuchtend. Auf meiner Reise nach Süd-Amerika legte ich zuweilen eine Medusa auf einen zinnernen Teller. Schlug ich nun mit anderem Metalle auf den Teller, so waren die kleinen Vibrationen des Zinnes schon hinlänglich, das Thier zum Leuchten zu bringen. Wie war nun die Einwirkung des Schlages und der Vibration in diesem Falle? Ward die Temperatur augenblicklich erhöhet? zeigten sich neue Oberflächen, oder brachte der Schlag das phosphorige Wasserstoff-Gas zum Entweichen, so daß dies, indem es mit dem Sauerstoffe der atmosphärischen Luft oder mit dem Seewasser in Berührung kommt, ein Verbrennen verursacht? Diese Wirkung des Schlages, wodurch das Licht hervorgebracht wird, ist besonders bei stürmendem Meere, wenn die Wellen in allen Richtungen gegen einander schlagen, auffallend. Zwischen den Tropen habe ich die See bei jeder Temperatur leuchten gesehen; jedoch war dies vor Stürmen oder wenn der Himmel trübe, wolkig und sehr bedeckt war, in einem höheren Grade der Fall. Kälte und Hitze scheinen auf dies Phänomen wenig Einfluß zu haben; denn am Ufer von Newfoundland ist das Meeres-Leuchten im strengsten Winter oft sehr stark. Zuweilen scheinen alle übrigen Umstände dieselben zu seyn, und dennoch ist das Meeres-Leuchten in einer Nacht recht deutlich, findet hingegen in der folgenden Nacht fast gar nicht statt. Begünstigt etwa die Atmosphäre diese Erregung von Licht, dies Verbrennen des phosphorigen Wasserstoffes? Oder hängen diese Unterschiede bloß vom Zufall ab, der den Schiffer in eine See führt, die mehr oder weniger mit Molusken angefüllt ist? Vielleicht kommen auch die leuchtenden Thierchen nur bei einer gewissen Beschaffenheit der Atmosphäre auf die Oberfläche des Meeres. Bory St. Vincent fragt mit Recht, warum leuchtet unser frisches Sumpf-Wasser nicht, das mit Polipen angefüllt ist? Es dürfte in der That scheinen, daß ein besonderes Gemisch organischer Bestandtheile erforderlich ist, um diese Licht-Absonderung zu begünstigen. Das Holz der Weide leuchtet stärker als das der Eiche. In England hat man Salzwasser leuchtend gemacht, indem man Härings-Lake hineinthat. Galvanische Versuche zeigen, daß das Leuchten lebender Thiere vom Nerven-Reiz abhänge. Ich habe einen Eleater noctilucus gesehen, der bei dem Sterben eine starke Gluth von sich gab, als ich seine vorderen Extremitäten mit Zinn oder Silber berührte. Zuweilen verbreitet auch die Medusa ein stärkeres Licht im Augenblick des Schließens der galvanischen Kette.

Zitteraale

— — Nirgends findet man den electrischen Aal, (*Gymnotus electricus L.*,) in größerer Menge, als in den kleinen Flüssen und in den vielen stehenden Gewässern oder Sümpfen des Theils von Guyana, welcher zwischen dem Oronoco und der Küsten-Cordillere von Venezuela liegt, und aus ungeheuren meist dürren Ebenen besteht, die unter dem Namen: Llanos de Caraccas oder Llanos de Apuré,[1] bekannt sind. Fast auf jeder Quadratmeile finden sich hier drei oder vier Sümpfe, welche eben so viel von der Natur gemachte Fischbehälter für die Zitteraale zu seyn scheinen, die sich darin in großer Zahl finden. Die geringe Tiefe dieser Sümpfe macht es den Indianern möglich, die electrischen Aale in ihnen zu fangen; in den großen Strömen, dem Meta, dem Apuré und dem Oronoko ist die Tiefe und die Gewalt des Wassers zu groß, als daß sie sich dieser Fische zu bemächtigen vermöchten. Wir haben gefunden, daß in Guyana allen Indianern die Gefahr sehr wohl bekannt ist, der sie sich aussetzen, wenn sie in Gewässern schwimmen, in welchen die Zitteraale zahlreich sind, indem man ihre schädliche Wirkung gewöhnlich eher empfindet, als man den Fisch gewahr wird.

Als wir durch jene weit verbreiteten Ebenen der Provinz Caraccas reisten, um uns zu San Fernando de Apuré einzuschiffen, und unsre Fahrt auf dem Oronoko zu beginnen, verweilten wir 5 Tage lang in der kleinen Stadt Calobozo, welche nach meinen Beobachtungen unter 8° 56' 56" nördlicher Breite liegt. Wir wollten uns hier mit den Zitteraalen beschäftigen, deren es eine unzählbare Menge in dieser Gegend giebt, im Rio Guarico, in den Cannos de Rastro, de Berito, de la Paloma und in etlichen funfzig kleinen stehenden Gewässern. Man hat mir versichert, daß man unweit Uritucu eine ehemahls sehr gangbare Straße wegen der electrischen Fische hat aufgeben müssen; sie führte durch einen Bach, und auf dem Fuhrt durch denselben ertranken jährlich mehrere Maulesel, die durch die Entladungsschläge der Zitteraale betäubt und sinnlos niedergeworfen wurden.

---

1 Man vergl. *Annalen*, XVI, 423. *d. H.*

Um unsre Versuche mit aller Genauigkeit anstellen zu können, wünschten wir, daß man uns electrische Aale in das Haus brächte, welches wir in Calobozo bewohnten. Unser Wirth gab sich alle Mühe, um unser Verlangen zu erfüllen. Es wurden Indianer zu Pferde ausgeschickt, um in den Sümpfen zu fischen; todte Zitteraale hätten wir in Menge haben können, aber eine fast kindische Furcht verhinderte die Eingebornen, sie lebendig fortzutragen. Wir haben uns zwar in der Folge überzeugt, daß es allerdings sehr unangenehm ist, es mit diesen Fischen zu thun zu haben, wenn sie noch bei ihrer ganzen Kraft sind; bei dem gemeinen Volke ist aber diese Furcht um so sonderbarer, da es die Meinung hat, man könne die Zitteraale ungestraft berühren, wenn man Tabak rauche. Wir hatten 10 Francs für jeden electrischen Aal geboten, den man uns lebendig bringen würde, aber es fand sich niemand, der sie verdienen wollte; auch ist das angebliche Sicherungsmittel der Indianer gegen die Schläge des Zitteraals ohne alle Kraft. Die Liebe zum Wunderbaren ist unter den Eingebornen dieser Gegenden so groß, daß sie häufig Sachen erzählen und behaupten, an die selbst zu glauben sie weit entfernt sind. Auch sie meinen also, der Natur noch mehr Wunder leihen zu müssen, als wenn die Natur nicht schon an sich selbst der Geheimnisse und des Wunderbaren genug hätte.

Drei Tage lang hatten wir in der Stadt Calabozo zugebracht, und nur einen einzigen electrischen Gymnotus erhalten, der ziemlich schwach war. Wir faßten nun den Entschluß, uns selbst an Ort und Stelle zu begeben, und dort die Versuche in freier Luft, am Ufer der Sümpfe anzustellen, in welchen die Zitteraale wohnen. Wir verfügten uns zuerst in das kleine Dorf Rastro de Abasco, und von da führten uns die Indianer zu dem Canno de Bera, einem Bassin voll stehenden schleimigen Wassers, das von einer herrlichen Vegetation, *Clusea Rosea*, *Hymenea courbaril*, dem großen indischen Feigenbaum und Mimosen mit wohlriechenden Blüthen, umgeben ist. Wir geriethen nicht wenig in Verwunderung, als wir hörten, man wolle in die benachbarten Savannas gehen, und dort einige dreißig halbwilde Pferde zusammen treiben, um sich ihrer bei diesem Fischfange zu bedienen. Man nennt diese Art, die Zitteraale zu fangen, *embarbascar con Cavallos*, das heißt, trunken machen durch Hülfe von Pferden, und das führt auf gar bizarre Vorstellungen. Mit dem Namen: *Barbasco*, belegt man die Wurzeln der *Jaquinia*, der *Piscidia* und jeder andern giftigen Pflanze, welche einer großen Wassermasse, in die man sie wirft, augenblicklich die Eigenschaft mittheilt, die Fische zu tödten, zu betäuben, oder trunken zu machen. Die durch dieses Mittel vergifteten Fische (*embarbascado*) schwimmen auf der Oberfläche des Wassers; und da die Pferde, welche man in dem Sumpfe hin und her treibt, dasselbe bei den in Schrecken gesetzten Fischen bewirken, so belegt man, indem man Ursache und Wirkung verwechselt, beide Arten zu fischen, mit gleichen Namen.

Während unser Wirth uns von der sonderbaren Art unterhielt, wie man hier die Zitteraale fängt, kam der Trupp Pferde und Maulesel an. Die Indianer hatten aus ihnen eine Art von Treiben gemacht, und nöthigten sie, in den Sumpf hinein zu gehen, indem dies der einzige Ausweg war, den sie ihnen ließen. Das interessante Schauspiel, das sich uns nun darbot, des Kampfs der Zitteraale gegen die Pferde, läßt sich mit Worten nur sehr unvollkommen schildern. Die Indianer, jeder mit einem sehr langen Rohre und mit einer kleinen Harpune bewaffnet, stellten sich um den Sumpf, und einige kletterten auf die Aeste der Bäume, die über dem Wasser lagen. Durch ihr Geschrei und durch ihre langen Stangen trieben sie die Pferde, wo sie sich dem Ufer näherten, zurück. Die durch den Lärm der Pferde geschreckten Zitteraale vertheidigten sich mit wiederhohlten Entladungsschlägen ihrer electrischen Batterieen, und eine Zeit lang schien es, als würden sie den Sieg über die Pferde und Maulesel davon tragen. Mehrere von diesen durch die Menge und Stärke der electrischen Schläge betäubt, verschwanden unter dem Wasser; einige derselben, die sich wieder aufrichteten, erreichten ungeachtet der Wachsamkeit der Indianer das Ufer, und streckten sich hier, durch ihre Anstrengung erschöpft, und durch die starken electrischen Schläge an allen Gliedern gelähmt, der Länge nach auf die Erde.

Ich hätte gewünscht, daß ein geschickter Mahler den Augenblick hätte auffassen können, als die Scene am belebtesten war. Die Gruppen der Indianer, welche den Sumpf umringten, die Pferde mit zu Berge stehender Mähne, Schrecken und Schmerz im Auge, welche dem Ungewitter, das sie überfällt, entfliehen wollen; die gelblichen und schlüpfrigen Aale, welche großen Wasserschlangen ähnlich an der Oberfläche schwimmen, und ihre Feinde verfolgen: alles das gab ein höchst mahlerisches Ganzes. Ich erinner-

N° II.

Fig. 1

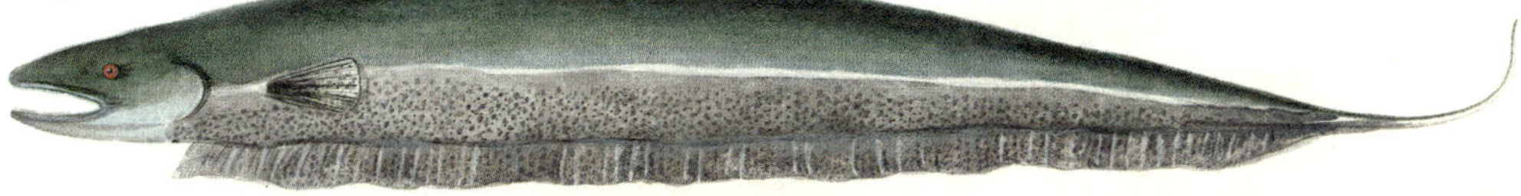

Fig. 2

Fig. 3

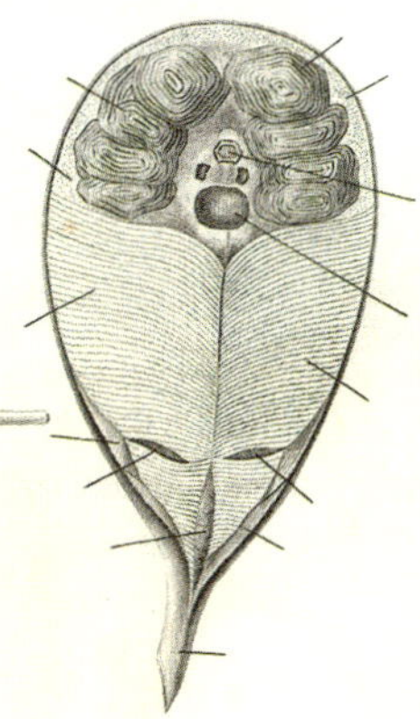

N° I.

N° II. Fig. 1. Gymnotus æquilabiatus in Bezug auf n. VI.

2. Die Luftblase (Schwimmblase) des Gymnotus æquilabiatus

3. Die Luftblase des Gymnotus electricus.

Diese drey Figuren sind nach einem Maaßstab entworfen.

Die Eintheilung ist nach Zollen des alten Pariser Fußes.

N° I. Senkrechter Durchschnitt des Gymnotus electricus.

a. Acht Muskelbündel mit concentrischen Lagen.

b. Fett.

c. Rückenmark.

d. Schwimmblase (dieselbe welche n° I, Fig. 3, darstellt).

e. Zwey kleine Muskeln, welche die großen elektrischen Organe von den kleinen trennen.

f. Vier æußere Muskeln.

g. Ein ungepaarter Muskel, der in der Steißflosse inserirt ist.

h. Steißflosse.

k. Großes elektrisches Organ.

l. Kleines elektrisches Organ.

te mich dabei des berühmten Gemähldes, welches ein Pferd vorstellt, das in eine Höhle tritt, und durch den Anblick eines Löwen entsetzt wird. Der Ausdruck des Schreckens ist hier nicht stärker, als er in jenem ungleichen Kampfe sich zeigte.

In weniger als fünf Minuten waren zwei Pferde ertrunken. Die Aale, deren mehrere über 5 Fuß Länge hatten, schlüpften den Pferden und Mauleseln unter den Bauch, und gaben dann Entladungen ihres ganzen electrischen Organs. Diese Schläge treffen zugleich das Herz, die Eingeweide und besonders das Nervengeflecht des Magens. Es ist daher nicht zu verwundern, daß der Fisch auf ein großes vierfüßiges Thier viel mächtigere Wirkung, als auf einen Menschen hervor bringt, der ihn nur mit den Extremitäten berührt. Doch zweifle ich, daß der Zitteraal die Pferde tödtet; er betäubt sie nur, wie ich glaube, durch die Erschütterungsschläge, die er ihnen hinter einander giebt; sie fallen in eine tiefe Ohnmacht, und verschwinden besinnungslos unter dem Wasser; die andern Pferde und Maulesel treten auf ihnen herum, und in wenig Minuten sind sie todt.

Nach diesem Anfange fürchtete ich, die Jagd möchte ein sehr tragisches Ende nehmen, und die Pferde würden eins nach dem andern ertrinken. Sind die Herren derselben bekannt, so bezahlt man jedes, das ertrinkt, mit 8 Franken. Die Indianer versicherten indeß, die Jagd werde bald geendigt seyn, und nur der erste Sturm der Zitteraale sey furchtbar. In der That kommen die Aale nach einiger Zeit in den Zustand entladener Batterieen, sey es nun, daß die galvani'sche Electricität sich durch die Ruhe in ihnen gehäuft hatte, oder daß ihr electrisches Organ durch einen zu häufigen Gebrauch ermüdet und zu fernern Verrichtungen unbrauchbar gemacht wird. Zwar ist ihre Muskelbewegung dann immer noch eben so lebhaft als zu Anfang, sie haben aber nicht mehr das Vermögen, recht kräftige Schläge zu ertheilen. Als der Kampf eine Viertelstunde gedauert hatte, schienen die Pferde und Maulesel minder in Schrecken zu seyn; die Mähnen standen ihnen nicht mehr zu Berge; ihr Auge druckte nicht mehr hohen Schmerz und Schrecken aus, und es fielen keine Pferde mehr um. Auch schwammen die Aale mit dem halben Leibe außer dem Wasser, flohen vor den Pferden, statt sie anzugreifen, und näherten sich dem Ufer. Die Indianer versicherten uns, daß, wenn man die Pferde zwei Tage hinter einander in den Sumpf treibt, am zweiten Tage kein Pferd mehr getödtet werde. Die Fische müssen Ruhe und hinlängliche Nahrung haben, um eine große Menge galvani'scher Electricität zu erzeugen oder anzuhäufen. Aus den Versuchen, welche man in Italien mit Zitterrochen gemacht hat, ist es bekannt, daß, wenn die Nerven dieser Rochen, welche in die electrischen Organe gehn, zerschnitten oder unterbunden werden, diese Organe in ihrer Wirkung gerade so gehemmt sind, wie ein Muskel, dessen Hauptarterie oder Hauptnerve unterbunden ist; beide bleiben gleich unbeweglich, so lange die Unterbindung dauert. Die electrischen Organe des Zitterrochens und der Zitteraale sind folglich der Herrschaft des Nervensystems unterworfen, und sind keinesweges gewöhnliche electromotorische Apparate, welche aus den benachbarten Wasserschichten die ihnen entzogene Electricität wieder anziehen. Ist dieses aber der Fall, so darf es uns nicht befremden, daß die Stärke der electrischen Schläge des Zitteraals von dem Zustande seiner Gesundheit abhängt, und daß Ruhe, Nahrung, Alter, und vielleicht noch eine Menge anderer physischer, auch moralische Gründe darauf Einfluß haben.

Die Zitteraale, welche nach dem Ufer fliehen, werden sehr leicht gefangen, mit kleinen an einen Strick befestigten Harpunen, die man ihnen in den Leib wirft. Die Harpune spießt manchmahl ihrer zwei auf. Ist der Strick sehr trocken und ziemlich lang, so kann man sie damit an das Ufer ziehen, ohne Schläge zu erhalten. In wenig Minuten waren 5 große Zitteraale auf dem Trockenen. Wir hätten zwanzig haben können, hätten wir ihrer so viele zu unsern Versuchen bedurft. Einige waren nur leicht am Schwanze verwundet, andere schwer am Kopfe; und wir konnten deutlich beobachten, wie die natürliche Electricität dieses Fisches nach der verschiedenen Stärke der Lebenskraft sich modificirt.

Wir haben unsre Versuche über die merkwürdigen electrischen Erscheinungen des *Gymnotus electricus* nicht bloß an diesen in unsrer Gegenwart gefangenen Fischen angestellt, sondern auch an einem Zitteraal von außerordentlicher Größe, den wir nach unsrer Zurückkunft von Rastro, zu Calobozo in unsrer Wohnung vorfanden. Er war mit einem Netze gefangen, und nicht verwundet worden, und man hatte ihn augenblicklich, nachdem man ihn aus dem Sumpfe gezogen, in einen Zuber gethan und nach Calobozo getragen. Da er beständig in demselben Wasser geblieben war, an welches er sich gewöhnt hatte, so konnte seine galvani'sche Electricität schwerlich geschwächt seyn. Wir werden indeß bald sehen, daß die verwundeten, und daher minder kraftvollen Zitteraale für Untersuchungen über die galvanisch-electrischen Phänomene dieser Fische viel belehrender sind, als Zitteraale in ihrer vollen Kraft. Es entgehen dem Auge des Beobachters sehr viele Nüancen, wenn der electrische Strom sich mit einer solchen Heftigkeit entladet, daß er sich den Weg durch minder vollkommene Leiter fast so gut als durch die besten Leiter bahnt.

Wenn man gesehen hat, daß die Zitteraale ein Pferd sinnlos zu Boden werfen, so darf man wohl sich fürchten, sie in den ersten Augenblicken, nachdem sie an das Land gezogen worden, zu berühren. Diese Furcht ist bei den Eingebornen so groß, daß sich keiner dazu verstehen wollte, die electrischen Aale von dem Stricke der Harpune loszumachen, und sie in die kleinen mit frischem Wasser gefüllten Löcher zu tragen, welche wir an dem Ufer des Sumpfes ausgehöhlt hatten. Wir mußten uns dazu verstehen, selbst die ersten Schläge auszuhalten, und diese waren fürwahr nicht sanft. Die stärksten schienen mir schmerzhafter zu seyn, als die heftigsten electrischen Schläge, die ich mich von einer großen völlig geladenen Flasche je erhalten zu haben entsinne. Wir begriffen nun sehr wohl, daß es nicht zu den Uebertreibungen gehörte, wenn die Indianer erzählten, daß jemand, der schwimmt, unfehlbar ertrinkt, wenn ihm ein Zitteraal an die Beine oder an die Arme einen Schlag versetzt. Eine so heftige Erschütterung kann dem Menschen sehr leicht den Gebrauch seiner Glieder auf mehrere Minuten entziehen; ja es könnte selbst der augenblickliche Tod erfolgen, wenn der Fisch, indem er längs des Bauchs und der Brust hinschlüpft, eine kraftvolle Entladung gäbe, weil dann die edlern Theile, das Herz, das gastrische System, der *plexus coeliacus*, und alle Nerven, die davon abhängen, zugleich ihrer Reitzbarkeit beraubt werden würden. Nur eine schwache Electricität vermehrt, wie bekannt, die Lebenskräfte, eine starke vernichtet sie. — — —

Zitterrochen

Die Erscheinungen, welche die electrischen Fische darbieten, verdienen, seitdem mehrere Physiker ihre Erklärung in der schönen Theorie, womit Volta die Wissenschaft bereichert hat, zu finden geglaubt haben, neue Untersuchungen. Sie fühlen leicht, mein hochachtungswürdiger Freund, wie ungeduldig wir seyn mußten, uns Zitterrochen zu verschaffen, und Sie wundern sich vielleicht, daß ich so spät mit Ihnen davon spreche. In Genua fanden wir welche, aber in einem Augenblick, da wir unsere Instrumente nicht bei uns hatten. In Civita-Vecchia suchten wir sie vergebens. Während unseres Aufenthalts in Neapel endlich erhielten wir sie sehr häufig, recht groß und lebhaft. Ich lege Ihnen in diesem Briefe die Reihe von Versuchen vor, die wir, Herr Gay-Lussac und ich, über die Wirkung des Zitterrochen (Raja torpedo Linn.) anstellten, und denen Herr von Buch, ein in allen Zweigen der physikalischen Wissenschaften sehr bewanderter deutscher Mineraloge, beiwohnte; ich werde bloß Thatsachen aufstellen, ohne theoretische Ideen einzumischen. Unsere Versuche waren vorzüglich auf die Bedingungen gerichtet, unter welchen der Zitterrochen nicht fähig ist, dem Menschen jene Erschütterung, die man mit dem Namen einer electrischen belegt, wiewol die Empfindung von derjenigen, so eine entladete Leydener Flasche bewirkt, sehr abweicht, beizubringen. Da wir kein anderes Werk vor uns haben, als das, worin Aldini die schönen Untersuchungen Geoffroy's mit denen Spallanzani's und Galvani's verbunden hat,[1] so sind wir nicht im Stande, unsere Arbeit mit der vielleicht von anderen Physikern vor uns zu Stande gebrachten zu vergleichen.

1. Obwol der Zitterroche in seiner Stärke nicht mit dem Zitteraal (gymnotus electricus) zu vergleichen ist, so ist er doch im Stande, schmerzhafte Empfindungen zu erregen. Eine an electrische Erschütterungen sonst sehr gewöhnte Person hält doch kaum den Schlag eines Zitterrochen von 4 Decimeter Länge aus, wenn er in seiner ganzen Kraft ist. Er giebt seinen Schlag unter dem Wasser, und erst, wenn er schwächer wird, verhindert

1 Mémoires sur la torpille, in dem Essai sur le Galvanisme, T. II. P. 61.

dieses Flüssige seine Wirkung. Herr Gay-Lussac bemerkte, daß man in diesem Fall die Erschütterung erst zu empfinden anfängt, wenn man den Fisch über die Oberfläche des Wassers hebt. Es ist mit ihm, wie mit Fröschen, womit man galvanische Versuche anstellt: die Bedingungen, unter welchen Zusammenziehung erfolgt, sind verschieden, nach dem Grade der Reizbarkeit der Organe.

2. Ich habe im mittäglichen America bemerkt, daß der Zitteraal die fürchterlichsten Commotionen erregt, ohne irgend eine äußerliche Bewegung mit den Augen, dem Kopfe oder den Flossen zu machen. Er macht deren so wenig, wie ein Mensch, der von Einer Vorstellung, von Einer Empfindung zu einer andern übergeht. Anders ist es bei dem Zitterrochen: wir bemerkten, daß er, jedes Mahl, wenn er seinen Schlag giebt, convulsivisch die Brustflossen bewege; der Schlag wird stärker oder schwächer empfunden, je nachdem die Berührung auf einer größern oder kleinern Fläche Statt findet.

3. Man kann die Organe eines Zitterrochen oder eines Zitteraals nicht nach Willkühr entladen, wie man es bei einer Leydener Flasche oder einer Säule thut. Man empfindet nicht immer eine Erschütterung, wenn man einen electrischen Fisch berührt; man muß ihn reitzen, damit er einen Schlag gebe. Dieser hängt ganz von der Willkühr des Thieres ab, das vielleicht seine electrischen Organe nicht beständig geladen hat; es ladet sie aber mit bewundernswürdiger Geschwindigkeit wieder, denn es ist fähig eine lange Folge von Erschütterungen zu geben.

4. Man empfindet den Schlag (im Fall der Fisch bereit war, ihn zu geben), wenn man mit einem einzigen Finger eine einzige Fläche der electrischen Organe berührt, oder, indem man beide Hände an beide Flächen, die obere und untere, auf ein Mahl legt. Auch ist es in beiden Fällen gleichgültig, ob derjenige, der seinen Finger oder seine beide Hände in Berührung bringt, isolirt ist oder nicht.

5. Berührt eine isolirte Person den Zitterrochen mit einem einzigen Finger, so muß die Berührung durchaus unmittelbar seyn. Es wird gar keine Commotion gefühlt, wenn ein leitender Körper, ein Metall zum Beispiel, sich zwischen dem Finger und dem Organ des Fisches befindet. Daher berührt man ihn vermittelst eines Schlüssels, oder jedes andern metallischen Instruments, ungestraft.

6. Nachdem Herr Gay-Lussac diese wichtige Bedingung bemerkt hatte, legten wir den Zitterrochen auf eine Metallplatte, mit welcher die untere Fläche der Organe in Berührung war. Die Hand, welche diese Platte hält, empfindet nie eine Erschütterung, wenn eine andere isolirte Person das Thier reitzt und die convulsivische Bewegung seiner Brustflossen die stärksten Entladungen seines electrischen Fluidum anzeigt.

7. Hält hingegen Jemand die Platte, auf welcher der Roche liegt, in der linken Hand, wie im vorigen Versuch (6) und berührt dann die obere Fläche des electrischen Organs mit der rechten, so empfindet er eine starke Erschütterung in beiden Armen zugleich.

8. Der Erfolg bleibt derselbe, wenn der Fisch zwischen zwei Metallplatten, deren Ränder sich nicht berühren, gelegt worden und man diese Platten mit beiden Händen zugleich anfaßt.

9. In beiden Armen läßt sich dagegen gar keine Commotion empfinden, wenn in dem vorigen Falle (8) irgend eine unmittelbare Gemeinschaft zwischen den Rändern der beiden Metallplatten Statt findet. Die Kette ist dann zwischen den beiden Flächen des Organs durch die Platten geschlossen und die abermahlige Communication, die man durch Berührung der Platten mit beiden Händen bewerkstelligt, ist ohne Erfolg.

10. Auch das empfindlichste Electrometer giebt gar keine electrische Spannung in den Organen des Zitterrochens an; es wird davon auf keine Art afficirt, wie man es auch anbringen mag, indem man entweder es den Organen nähert, oder den Fisch isolirt, ihn mit einer Metallplatte bedeckt und diese Platte durch einen Leitungsdraht mit Volta's Condensator in Verbindung setzt. Nichts zeigt hier, wie bei dem Zitteraal, an, daß das Thier die electrische Spannung der es umgebenden Körper modificire.

11. Da die electrischen Fische, in gesundem Zustande, mit gleicher Stärke unter Wasser, wie in der Luft wirken, so prüften wir die Leitungsfähigkeit dieses Flüssigen. Als mehrere Personen die Kette zwischen der Oberfläche und Unterfläche der Organe des Zitterrochen schlossen, empfanden sie einen Schlag erst, wie sie sich die Hände naß machten. Ein Wassertropfen unterbricht nicht die Wirkung, wenn zwei Personen, die den Zitterrochen mit ihrer rechten Hand halten, anstatt sich die linke zu geben, jede eine Metallspitze in einen, auf isolirender Unterlage ruhenden, Wassertropfen tauchen.

12. Setzt man in diesem Falle an die Stelle des Wassertropfens die Flamme, so ist die Communication unterbrochen, und wird nicht eher wieder hergestellt, als bis die Metallspitzen im Innern der Flamme sich unmittelbar berühren.

13. Noch ist zu bemerken, daß unter Wasser, wie in der Luft nicht anders als auf unmittelbare Berührung des Körpers der electrischen Fische eine Commotion empfunden wird; auch nicht durch die dünnste Wasserschicht hindurch geben sie ihre Schläge. Dies ist um so merkwürdiger, da in den galvanischen Versuchen, wo der Frosch in Wasser getaucht ist, es bekanntlich hinreichend ist, die silberne Pincette den Muskeln zu nähern und Zusammenziehung erfolgt, wenn die Zwischenschichte von Wasser ein bis zwei Millimeter dick ist.

Dies sind, mein hochachtungswürdiger Freund, die vorzüglichsten Beobachtungen, die wir über den Zitterrochen angestellt haben. Die Versuche in 4. und 10. beweisen, daß die electrischen Organe dieser Thiere gar keine Spannung, keine überschüssige Ladung anzeigen. Man sollte vielmehr geneigt seyn, ihre Wirkung mit der einer Vereinigung von kleinen Leydener Flaschen, als mit einer Voltaischen Säule, zu vergleichen. Ohne Kette läßt sich gar keine Commotion erhalten, und wenn ich vom Zitteraal durch sehr trockne Stricke hindurch Schläge erhalten habe, so glaube ich, daß in dem Fall, wo dies mächtige Thier mir starke Erschütterungen, ohne eine vorhandene Kette, zu geben schien, letztere, wegen Unvollkommenheit meiner Isolirung, in der That doch da war. Wenn der Zitterroche durch Pole wirkt, durch ein electrisches Gleichgewicht, welches sich wieder herzustellen strebt, so scheinen die Versuche unter 5 und 6 zu beweisen, daß diese Pole neben einander, auf einer und derselben Fläche des Organs, vorhanden sind. Man erhält einen Schlag, indem man nur eine einzige Fläche mit seinem Finger berührt. Eine zwischen der Hand und dem Organ befindliche Platte (6) stellt selbst das Gleichgewicht wieder her, und die Hand, welche jene Platte hält, empfindet nichts, weil sie außer dem Strome ist. Nimt man aber eine Anzahl entgegengesetzter Pole auf jeder Fläche des Organs an: warum stellt sich das Gleichgewicht durch die Arme wieder her, wenn man jene Flächen mit zwei Metallplatten, deren Ränder sich nicht berühren, bedeckt und die Hände auf diese Platten legt? Warum, kann man fragen, sucht die positive

Electricität der untern Fläche, in dem Augenblick der Explosion nicht die negative des benachbarten Pols, und warum findet sie sie nur auf der obern Fläche des electrischen Organs? Diese Schwierigkeiten sind vielleicht nicht unübersteiglich, aber es werden noch viele Untersuchungen zu der Theorie dieser Lebensverrichtungen erfordert. Geoffroy hat bewiesen, daß die Rochen, welche keine Anzeigen von Electricität geben, Organe besitzen, die denen des Zitterrochens sehr ähnlich sind. Die geringste Verletzung des Gehirns hindert die Wirkung dieses electrischen Fisches. Die Nerven spielen in diesen Erscheinungen ohne Zweifel die größte Rolle, und der Physiolog, der die Lebensverrichtungen in ihrer Gesammtheit umfaßt, würde sich mit Grund gegen den Physiker auflehnen, der alles aus der Berührung der eiweißgallertigen Pulpe und der aponeurotischen Blättchen, welche die Natur in den Organen des Zitterrochens verbunden hat, zu erklären glauben könnte.

Seekühe

Man hat mit Recht den reisenden Naturforschern vorgeworfen, daß sie mehrere Arten größerer Säugethiere verwechselt hätten, während sie von Mollusken, Insecten und den kleinsten froschartigen Amphibien die ausführlichsten Beschreibungen geben. Es geht mit unserer Kenntniß in der Zoologie eben so, wie mit denen in der Botanik. Eine unzählige Menge von Ixien, Cypripedien u. dergl. sind mit großer Sorgfalt beschrieben, während dieselben tropischen Länder, welche diese krautartigen Pflanzen verbergen, Bäume hervorbringen, deren colossale Größe an die der Anacardien, Cavanillesien und Hymenaeen gränzt, und von welchen wir dennoch die Blüthentheile gar nicht kennen. Und in der That, es ist eben so schwer, die Blüthen dieser Bäume von 30—40 Meter Höhe zu erreichen, als sich die großen Arten der Cetaceen, Amphibien-Säugethiere und Pachydermen zu verschaffen. Es ist noch nicht gar lange, daß man den großöhrigen Elephanten Afrikas von dem indischen Elephanten mit vertiefter Stirn nicht zu unterscheiden wußte, und daß man alle Krokodile, welche die Flüsse der heißen Zone bevölkern, unter zwei Arten vereinigen zu müssen glaubte. Es ist eine der zahlreichen Entdeckungen Cuviers, zuerst die Existenz von 12—15 Arten dieser raubgierigen Reptilien nachgewiesen zu haben. Wie viel Ungewißheit herrscht nicht noch immer in der Bestimmung der großen Phoken, Pottwalle, Wallfische und anderer Cetaceen, welche das hohe Meer bewohnen.

Mehrere reisende Botaniker hatten die genaue Prüfung von Pflanzen der südlichen Hemisphäre vernachlässigt, von denen sie annahmen, daß es dieselben Pflanzen seien, welche in Europa wachsen. Eben dieser Mangel an Sorgfalt ist es, welcher die Irrthümer veranlaßte, die sich in den Werken über geographische Verbreitung der Gewächse fortpflanzten. Man hat angegeben, daß Pflanzen Lapplands auf den granitischen Felsen des Feuerlandes oder auf dem Gipfel der Anden wüchsen. Genauere Untersuchungen, welche man über diese Pflanzen von europäischer Form, oder, wenn man so sagen darf, von europäischer Physiognomie, anstellte, haben gezeigt, daß hier nur eine Analogie, nicht eine Identität der Arten obwaltet. Diese Quelle des

Irrthumes war dieselbe für die Geographie der Pflanzen und der Thiere. Die reisenden Zoologen haben in den Thieren der heißen Zone des neuen Continents dieselben Arten zu erkennen geglaubt, welche von Naturforschern beschrieben wurden, die Afrika oder die Ufer des Ganges durchforschten. Wenn die Cataloge, denen wir den pomphaften Namen *Systema naturae* geben, für ein und dasselbe Thier die Aequinoctial-Länder verschiedener Continente als gemeinsames Vaterland angeben, dürfen wir mit größter Wahrscheinlichkeit voraussetzen, daß verschiedene Arten unter demselben Namen verwechselt sind.

Das Thier, dessen Beschreibung der Hauptzweck dieser Abhandlung ist, gehört zu den großen Säugethieren, welche man in allen Reisebeschreibungen erwähnt findet, ohne daß man dahin gekommen wäre, es durch scharfe Charactere von analogen Arten zu unterscheiden, welche dieselben Climate bewohnen. Der Manati, welchen Namen dies Thier in den spanischen Colonien führt, wurde bekanntlich von Linné und andern Naturforschern zu dem Wallroß (*Trichechus*) gestellt. Er unterscheidet sich von ihm schon allein durch den Mangel der hintern Gliedmaßen. Das Wallroß hat vier Gliedmaßen und einen ähnlichen Hals wie die Robben; beide sind fähig, ihren Kopf zu drehen. Der Manati hat nur vordere Gliedmaßen und zeigt kaum eine Spur des Halses. Cuvier wies ihm, wie dem Dugong, die richtige Stelle bei den Cetaceen an. In Wahrheit ähnelt der Dugong, dessen zwei gewaltige Vorderzähne gleich Stoßzähnen aus dem Munde hervortreten, dem Wallroß noch mehr als der Manati, dessen kahler Körper ganz die Gestalt eines zweihändigen Cetaceums darbietet. Beide verhalten sich in Beziehung zu den Robben und dem Wallroß gewissermaßen ebenso, wie die *Siren lacertina* zu den Salamandern.

Während Robben und Wallrosse, sowie die meisten der beschriebenen Cetaceen, das Meer bewohnen, giebt es unter den Manati eine Art, die sich nur in den Flüssen findet, welche das Innere des neuen Continents durchschneiden. Diese, der Manati des Orinoko, scheint durchaus verschieden von Linné's *Trichechus manatus australis pedibus unguiculatis.* Er ist gemein im Orinoko bis zu Atures (unterhalb der Cataracten, die er nicht zu übersteigen vermag), im Rio Meta, Apure und besonders im Caño del Manati. Wir zergliederten eines der größten Weibchen zu Carichana. Es hatte 9' 2" Länge,

2' 5" Breite. Die Länge des Schwanzes betrug 2' 3", die Breite 1' 1". Dieser ist sehr flach, am Rande kaum ⅓" dick, und wo er am dicksten ist, hat er nur 2" Höhe. Die Entfernung des Afters von der Schwanzwurzel beträgt 9", von dem After zur Geschlechtsöffnung 6", von dieser zum Nabel, der in einer Spalte offen bleibt, 2' 3", vom Nabel zu den Zitzen 1' 8", von den Zitzen zur Spitze der Unterlippe 1' 5". Die Oberlippe ragt über die Unterlippe 4" hinaus. Die Breite der Schnauze beträgt am Ende 6". Die Breite in der Gegend der Flossen 1' 6", am Bauche 2' 5". Die Höhe des Thieres 1' 6" am Bauche, an den Flossen aber 1' 1", die der abgestutzten Schnauze 4".

Der Körper hat eine eiförmig-oblonge Gestalt, ist oberhalb convex, auf der Unterseite verflacht, der wagerechte häutige Schwanz abgerundet. Die Farbe bläulich-grau. Der Körper ist nackt, doch ganz und besonders um den Mund, die Nasenlöcher und Flossen mit etwas steifen, ¾" langen, gelblichen Borsten besetzt, wahren Schweinsborsten. Am Rücken stehen deren etwa kaum 5—6 auf einem □Zoll, an der Schnauze aber 45—60. Das Aeußere des Thieres ist gleichsam ein Gemisch von Pachydermen- und Fischbildung. Der Kopf gleicht etwas einem Schweinskopfe. Beim ersten Anblick begreift man es kaum, wie ein so ungeheueres Thier von 800 Pfd. Gewicht, gleichsam von einem Sacke umschlossen und ohne Gliedmaßen schwimmen kann. Aber der horizontale Schwanz, welcher mehr als 3' im Quadrat hält, und die Flossen, deren Bewegung, unterstützt von starken Muskeln und Nerven, ungemein schnell ist, begünstigen sein Schwimmen. Die Hände bieten übrigens wenig Oberfläche. Es sind verkehrt eiförmige oder verkehrt keilförmige Flossen, am Ende schief abgestutzt, welche höchstens 40 □Zoll messen, da sie auf 1' 4" Länge höchstens 6" in der Breite haben. Die vorragende bewegliche Schnauze gleicht in etwas einem Schweinsrüssel. Die Oberlippe ist quadratisch an ihrem Ende abgestutzt, oberhalb convex, innen am Rande umgeschlagen, so daß sie hier fast gespalten erscheint (T. 1. F. 2. die Darstellung des Thieres von der Unterseite, und die Vorderansicht des Kopfes T. 2. F. 1.). Die Oberlippe ist um 4" länger als die Unterlippe. Die ganze Schnauze hat eine sehr zarte, mit Papillen und Haaren besetzte Haut. Sie bildet einen zum Tasten tauglichen Rüssel, geschickt die umgebenden Körper zu unterscheiden, ein Tastorgan, welches dem Manati äußerst nöthig ist, da sein Körper in der Haut wie in einem Sacke steckt. Die Nasenlöcher sind halbmondförmig.

Fig. 1.

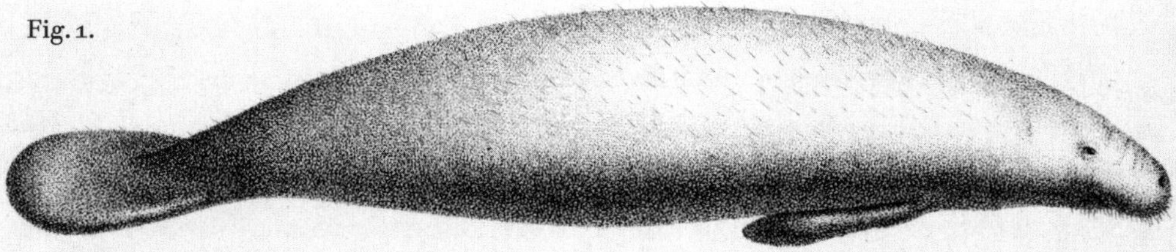

Fig. 2.

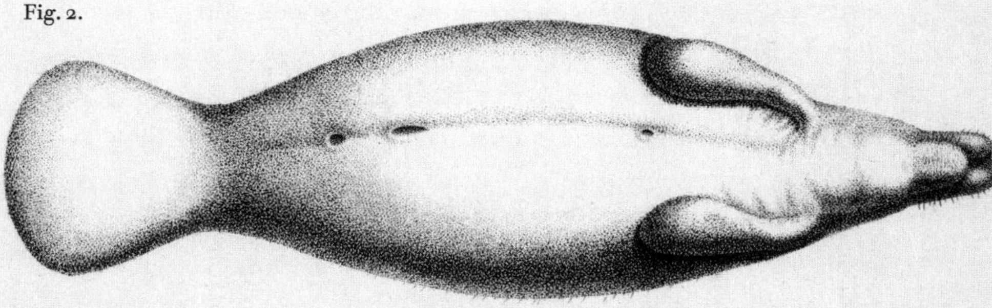

Fig 1. Der Manati des Orenoko im Profil.
Fig 2. von unten gesehen.

Man kann abwärts 2—3" tief in sie eindringen. Der Geruchsinn scheint recht fein zu sein. Ich entdeckte nichts, was einem äußeren Ohre verglichen werden könnte, auch keine äußere Ohröffnung[1]. Die Mundhöhle ist sehr seltsam gebildet. Weder Vorder- noch Eckzähne sind vorhanden. Sechs abgestutzte, dicht gedrängte, wenig hervorragende Backenzähne finden sich jederseits im Oberkiefer, im Unterkiefer nur 5. Im Unterkiefer erblickt man eine röthliche, dicke, fleischige Zunge, von 5" Länge und 1" 5''' Breite; sie ist aber ganz unbeweglich und durch Ligamente befestigt. Sie ragt nach vorn ¾" über die Zähne hinaus. (T. II. F. 2. *e.* Durch *g f* sind die Gelenkfortsätze des Unterkiefers angedeutet.)

Das Thier tastet und sucht das Gras, von dem es sich nährt (*el camelote*), mit den Lippen, die es verlängert, vorzüglich mittelst der oberen. Es reißt das Gras mit dem Gaumen ab, der verflacht ist und eine Erhabenheit, eine Art Polster, und eine Vertiefung bildet, welchen im Unterkiefer eine Vertiefung und ein Polster entsprechen. Das fleischige Polster der Oberkinnlade (T. II. F. 4. *n* und F. 3. *d c*), von 2" Länge, tritt in eine Aushöhlung des Unterkiefers (*a. b.* T. II. F. 2. oder *o* in F. 4.). Eben so tritt das Polster oder die Erhabenheit des Unterkiefers (T. II. F. 2. *b c* oder *p* in F. 4.) von 2½" Länge in eine Concavität (*ef* F. 3. oder *q* F. 4.). Es findet sich mithin die Aushöhlung in der Unterkinnlade vor der Erhabenheit, und umgekehrt im Oberkiefer die Erhabenheit vor der Vertiefung. Die Vertiefungen sind mit einer chagrinirten Haut bekleidet, besonders die der oberen, welche von kleinen Ritzen durchzogen ist. Das Polster der Unterkinnlade zeigt 3—4 Furchen. Die Länge von *a* bis *g* in F. 2. (T. II.) beträgt 8". Die vielleicht etwas bewegliche Spitze der Zunge, welche ein wenig vor den Backenzähnen hervorragt, verbirgt sich auch zum Theil in der Vertiefung *cf*, aber ihr größter Umfang entspricht dem nicht schwieligen Theile des Gaumens (*f h*). Die weit nach

---

1 Nach Andern fehlt die äußere Ohröffnung nicht, sondern ist nur sehr klein. De la Condamine bei Büffon (*Hist. nat. Tom. XIII. p.* 388.) giebt ihr bei einem 7½ Fuß langen Exemplare die Größe eines Nadelstiches (*trou d'épingle*), und weiter unten giebt er den Durchmesser auf höchstens eine halbe Linie an, und bemerkt, daß das Thier sie enger zusammenziehen könne, und daher Adanson sie beim Manati des Senegal übersehen habe. Auch G. Cuvier nennt sie in seiner Beschreibung *un trou presque imperceptible.*

Herausgeber.

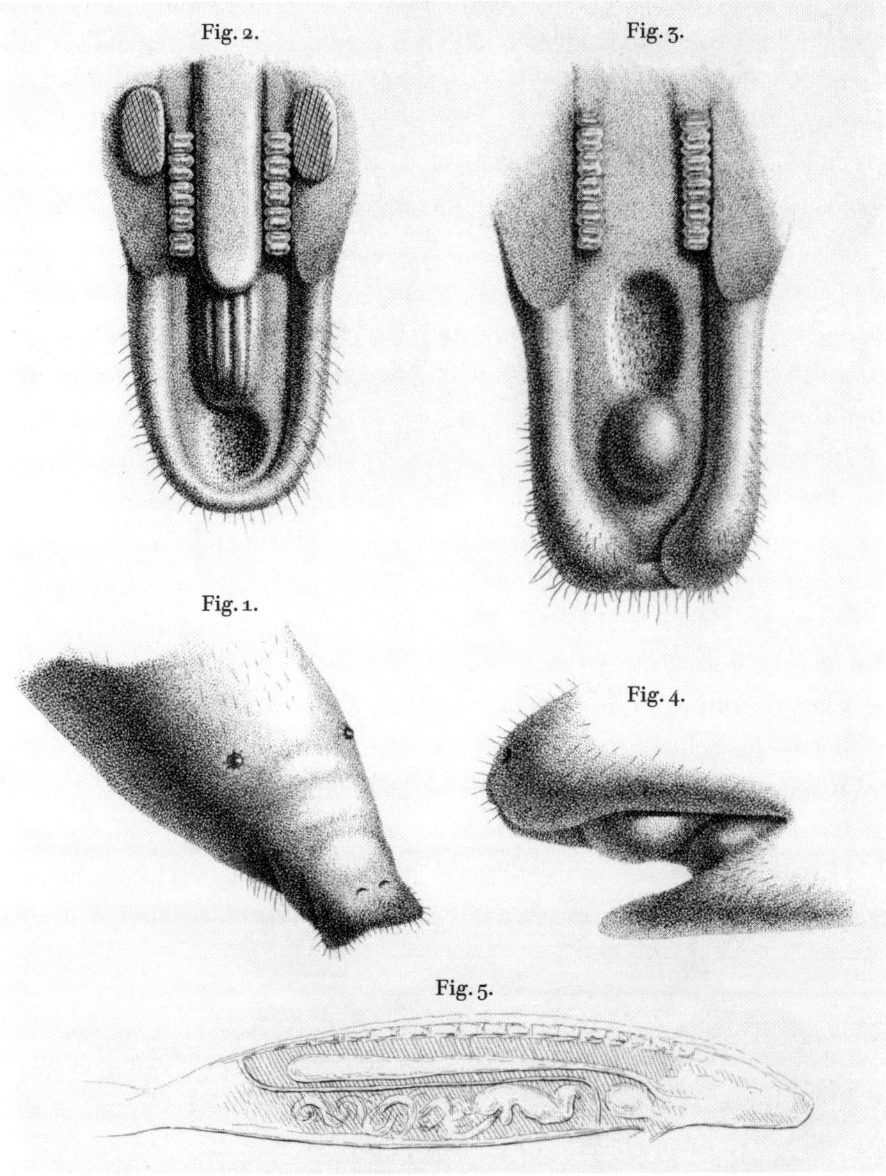

Fig 1. Kopf von oben.
Fig 2. Ansicht der Unterkinnlade von innen.
Fig 3. Ansicht der Oberkinnlade von innen.
Fig 4. Maulöffnung im Profil.
Fig 5. Ideeller Längsdurchschnitt des Rumpfes.

hinten gerückten dicht gedrängten Zähne (T. II. F. 3. *h f* und F. 2 *e g*), welche 3" Länge einnehmen, dienen nur zum Zermalmen. Die Augen sind sehr klein, der Bulbus hat nur 2". Sie sind von Haaren umgeben und besitzen nur eine Nickhaut.

Die beiden Zitzen sind Brustzitzen, erscheinen als 2½" lange, runzlige Höcker (*tubercules*), und stehen in der Achselgegend an der Insertion der Flosse. Sie entsprechen einer kleinen Drüsenmasse. Die Milch soll sehr gut und etwas warm sein. Die Lunge ist das, was am Manati am meisten Erstaunen erregt. Man würde sie, wenn man das Thier vom Rücken aus öffnete, unmittelbar zu oberst liegend finden. Denn sie liegt über dem Magen und den Eingeweiden, indem sie sich in zwei länglich-lanzettlichen Säcken jederseits neben dem Rückgrate unter den Rippen hin erstreckt. Man möchte sie ihrer Form und Lage nach für Schwimmblasen halten. Die Luftröhre hat da, wo sie sich in die beiden Bronchen theilt, 1¾" im Durchmesser. Jeder Lungenflügel mißt 3' in der Länge bei 7" Breite, und bildet einen sich gegen die Bronchen verengenden Sack. Bläst man Luft ein, so sieht man, daß diese Säcke sehr weite Zellen und fast 4" Höhe haben[2]. Der große leere Raum, welchen sie unter dem Rücken in der ganzen Körperlänge bilden, begünstigt vielleicht das Schwimmen des Manati.

In einer Entfernung von 2' 6" von der Unterlippe liegt ein wahres Zwerchfell, welches anfangs auf dieselbe Weise, wie bei den übrigen Säugethieren, die Ernährungsorgane von den Respirationsorganen als vertikale Scheidewand trennt, dann aber gegen den Rücken sich umschlägt und sich über

---

2 In seinem Reiseberichte (*Voyag. aux rég. équin, VI. p.* 237.) bemerkt Hr. v. Humboldt, daß ihr Umfang, wenn sie mit Luft angefüllt sind, über 1000 Kubikzoll (alt französ. Maaß) betrage.

Herausgeber.

3 Daubenton in seiner Anatomie des Manatifötus (Buff. *hist. nat. Tom. XIII. ed.* 4 *to* und *Tom. XXVII. p.* 277. *ed.* 8.) deutet auch auf diese eigenthümliche Bildung hin: *Il m'a paru que le diaphragme se prolongeoit en arrière entre les poumons et les autres viscères — ainsi l'abdomen étoit sous une partie de la poitrine à l'endroit des fausses-côtes, qui étoit fort étendu — la partie qui étoit sous les vraies côtes avoit fort peu d'étendue, et ne contenoit que le coeur, la trachée artère etc. Les poumons étoient en entier sous les fausses-côtes au dessus de l'abdomen.*

Herausgeber.

dem Magen und den Eingeweiden der Länge nach unterhalb der Lunge hin erstreckt[3]. Die beigegebene ideelle Zeichnung (T. II. F. 5.) wird dies näher erläutern. In 1 ist das Herz, in 2 die Lunge, in 3 und 4 Magen und Darmkanal, in 5 das Zwerchfell angedeutet. Die Respiration scheint nach der Größe der Respirationsorgane und nach der Quantität des sehr rothen Blutes, die man überall antrifft, sehr vollkommen zu sein. Auch vermag der Manati nicht lange Zeit unter dem Wasser zu verweilen, jedoch tritt er über demselben nur mit dem Rücken und dem Kopfe hervor. Sollten aber die Bewegungen der Lunge nicht durch die Verdauung behindert werden? Die Eingeweide sind von ungeheuerer Länge, wie bei den Wiederkäuern, und starke Blutgefäße verbreiten sich auf ihnen. Es findet sich ein zweitheiliger Magen. Seine erste Hälfte bildet einen oberhalb convexen Sack von 1' 4" im Durchmesser, die zweite Hälfte hat nur 5" Weite. Kaum kann man beide als einen durch Einschnürung getheilten Magen betrachten, obwohl in beiden Hälften die innere Oberfläche von gleicher Art, nämlich etwas runzlig, aber ohne Blätter oder netzförmige Maschen ist. Die dünnen Därme haben 68' Länge bei einem Durchmesser von 2". Bei Oeffnung des Magens fanden wir das in seinen beiden Hälften enthaltene Gras noch wenig verändert. In den dünnen Därmen wurde es mehr stinkend und braun, und zwar um so mehr, als es sich dem Dickdarme näherte. Dieser ist 40' lang, 4" weit und aufgetrieben. Die Excremente bilden Kugeln von 3" Durchmesser. Sie sind stinkend und gleichen denen des Ochsen. Man sieht sie öfter auf der Oberfläche des Wassers schwimmen. Fast der ganze Speisekanal, der Magen und die 108' langen Därme waren ganz mit Camelote gefüllt, woraus man sich von der ungeheueren Grasmenge, welche der Manati auf einmal zu sich nimmt, einen ungefähren Begriff machen kann. Der Magen hat sowohl an seiner linken Hälfte als an seiner Einschnürung Anhänge; nur die beiden an letzterer befindlichen Anhänge sind einfache Blindsäcke, der Anhang der linken Hälfte enthält dagegen eine harte Drüsenmasse, die auf dem Durchschnitte der *arbor vitae* ähnelt. Das Herz hat 6½" Länge und 5" Breite. Es ist von vielen Anhängen eines durchsichtigen Fettes umgeben, wodurch es auf seiner Oberfläche höckerig, gleichsam mit Beeren besetzt erscheint. Auch in seinem Innern zwischen den Muskelbalken fanden wir wahres Fett. Die Flossen gleichen den Ruderfüßen der Seeschildkröten, sind ganzrandig und zeigen äußerlich keine Spur von Fingern. Im Innern erscheinen sie als vollkommene Hände.

Die Länge des Humerus	7″,	
Vorderarmknochen . .	6″,	
die ganze Hand . . .	7″,	
die Handwurzel . . .	1″,	
Mittelhand	3″ 5‴,	
erste Phalanx . . .	2″	am längsten oder Mittelfinger gemessen.
zweite Phalanx . . .	1″	
dritte Phalanx . . .	– 0,7‴	

Die dritte Phalanx hat unläugbar ein Rudiment eines Nagels[4]. Der Daumen ist sehr klein, mißt von der Handwurzel ab 4″. Viele Ligamente gehen von einer Phalanx zur andern, denn die Phalangen beugen sich nicht.

Im Ganzen findet sich nur wenig Muskelfleisch, das meiste am Rücken und gegen den Schwanz hin. Die Haut, mit Einschluß des Fettes, zeigt eine Dicke von 1¾″.

Wir fanden 50 Wirbel[5], nämlich:

7 sehr kleine Halswirbel,
40 Rücken- und Kreuzwirbel mit Apophysen, und
3 Schwanzwirbel ohne Apophysen.
26 sehr breite Rippen.

Das Fleisch ist vortrefflich und gleicht sehr dem Schinken. Die Guamos und die Otomakos sind am meisten danach lüstern, und diese zwei Völker sind es auch, welche sich vorzüglich mit der Manati-Fischerei abgeben. Die Piraoos verabscheuen es; sie verbargen sich zu Carichana, um es nicht zu berühren. Sie behaupten, daß man nach seinem Genusse sterbe, und daß es Fieber hervorbringe, welche Erfahrung die Spanier nie gemacht haben. Das Fleisch wird eingesalzen und an der Sonne gedörrt, das ganze Jahr aufbewahrt, und da die Geistlichkeit dieses Säugethier unter die Fische zählt, so ist es während der Fastenzeit sehr begehrt. Der Manati hat ein sehr zähes Leben. Er wird, nachdem er harpunirt ist, gebunden, aber man tödtet ihn nicht eher, als bis man ihn in die Piroge gebracht. Dies geschieht, zumal wenn das Thier groß ist, oft mitten im Strome, indem man die Piroge zu zwei Drittheil ihres Gehalts mit Wasser füllt, sie alsdann dem Thiere unterschiebt und das Wasser mittelst einer Schale von *Crescentia Cujete* wieder ausschöpft. Der Fang dieser Thiere ist zur Zeit, wo die großen Ueberschwemmungen zu Ende gehen, am leichtesten: der Manati geht dann aus den großen Flüssen in die umliegenden Seen und Sümpfe, und wenn die Wasser nun schnell fallen, so befindet er sich wie abgeschnitten in einem engeren Raume. Zur Zeit der Iesuiten-Herrschaft in den Missionen am unteren Orinoko, versammelten sich die Iesuiten alljährlich in Cabruta, unterhalb der Mündung des Apure, um mit den Indiern ihrer Missionen, am Fuße des Berges, welcher jetzt El Capuchino heißt, eine große Manati-Jagd anzustellen. Das Fett des Thieres ist unter dem Namen *Manteca de Manati* bekannt und wird zur Unterhaltung der Kirchenlampen benutzt. Man gebraucht es auch zur Zubereitung von Speisen. Es hat nicht den widrigen Geruch des Thranes der Wallfische oder anderer blasender Cetaceen. Die Haut der Seekühe wird in Riemen geschnitten und, gleich den Streifen der Ochsenhäute, zu vortrefflichen Stricken gebraucht, ist aber im Wasser der Fäulniß unterworfen. In den spanischen Colonien werden Peitschen daraus verfertigt; auch sind die Worte

---

4 In seiner Reise (*Voyag. etc. VI. p.* 235.) hat sich Hr. v. Humboldt noch bestimmter über die Nägel ausgedrückt: *Nous n'avons pas trouvé des vestiges d'ongles sur la face extérieure et le bord des nageoires, qui sont entièrement lisses; mais de petits rudimens d'ongles paroissoient à la troisième phalange, lorsqu'on ôte la peau des nageoires.* In einer Randnote zu diesem Manuscripte unterscheidet der Hr. Verf. den Manati des Orinoko durch die schwächere Behaarung und den Mangel äußerer Nägel vom *Manatus australis.*

Herausgeber.

5 Die Wirbelzahl scheint variabel. Daubenton giebt 6 Hals-, 16 Rücken- und 28 Kreuz- und Schwanzwirbel, also ebenfalls 50 an; Cuvier 6 Hals-, 16 Rücken- und 24 Kreuz- und Schwanzwirbel, im Ganzen also 46. E. Home zählt 7 Hals-, 17 Rücken- und 24 Schwanzwirbel, also 48. Die Zahl der Rippenpaare ist nach Daubenton und Cuvier 16, nach Home 17, nach Robert beim *Manatus senegalensis* 16; daher ich fast vermuthen möchte, daß die bedeutende Abweichung in Hrn. v. Humboldts Angabe auf einem Schreibfehler beruhe und statt 16 hier 26 verschrieben sei.

Herausgeber.

latigo und *manati* gleichbedeutend. Diese Peitschen sind ein grausames Strafwerkzeug der unglücklichen Sklaven und selbst auch der Indianer in den Missionen. — Mit den Manatiknochen (den Felsenbeinen) treibt man viele Charletanerie. Das Gehirn ist sehr klein. Die Mundhöhle zeigt eine fühlbare Wärme.

Krokodile

— Wir bringen sehr genaue Beschreibungen vom Kaïman oder Südamerikanischen Krokodil mit. Ob der Aegyptische zu der nehmlichen Art gehört, oder eine eigene andere ausmacht, kann ich nicht entscheiden, da vor meiner Abreise aus Europa die Charakteristik welche man von dem letztern hatte, noch nicht mit gleicher Vollständigkeit entworfen war. Dies wird anitzt wahrscheinlich von dem Institut der Wissenschaften in Aegypten geschehen, und jeder Zweifel über die Sache gehoben sein.[1]

Soviel kann ich hier mit Gewißheit behaupten, daß es innerhalb der Wendekreise im vierten Welttheile drei verschiedene Arten giebt, welche die Eingebornen durch die Namen: Bava, Kaïman, und Krokodil unterscheiden. Bisher hat noch kein Naturforscher diese Thierarten hinreichend bestimmt[2], und gleichwohl sind es die wahren Fische dieses Klimas. Bald sind sie so gutmüthig, daß man sich, wie zu Neu-Barcelona, unter ihren Augen badet; bald so bösartig und grausam, daß sie Menschen auf öffentlicher Straße zerreißen, wie zu Neu-Guiana während unsers dortigen Aufenthalts einem Indianer in der Stadt am Kai geschah. Zu Uritucu sahen wir ein 18jähriges Mädchen von einem Krokodil am Arm gepackt; die junge Indianerinn besaß Herzhaftigkeit genug, ihr Messer mit der andern Hand aus der Tasche zu ziehen, und dem Ungeheuer damit so viele Stöße in die Augen zu versetzen, daß es sie fahren ließ, ihr aber den Arm dicht unter der Schulter abbiß. Die Geistesgegenwart des Mädchens war eben so bewundernswerth, als die Geschicklichkeit der Indianer bei Heilung dieser gefährlichen Wunde: sie

1 Bis itzt ist diese Hofnung unerfüllt geblieben. Vielleicht ergänzt aber der berühmte Geoffroy, welcher so trefliche Beobachtungen über das Ichneumon geliefert hat (man s. die Ménagerie du Muséum National, livraison 6), diese Lücke.

2 Auch unser Blumenbach hat in der vorjährigen jüngsten Ausgabe seiner »Naturgeschichte« nur zwei Krokodilarten charakterisirt: den Aegyptischen (Lacerta Crocodilus), und den Kaïman (Lacerta Alligator). — (Die ungeheure Menge dieser Thiere, wovon es in allen Südamerikanischen Flüssen wimmelt, und weshalb Hr. v. H. sie die »Fische des dortigen Klimas« nennt, kömmt in mehrern seiner Briefe in der Monatschr. vor. B.)

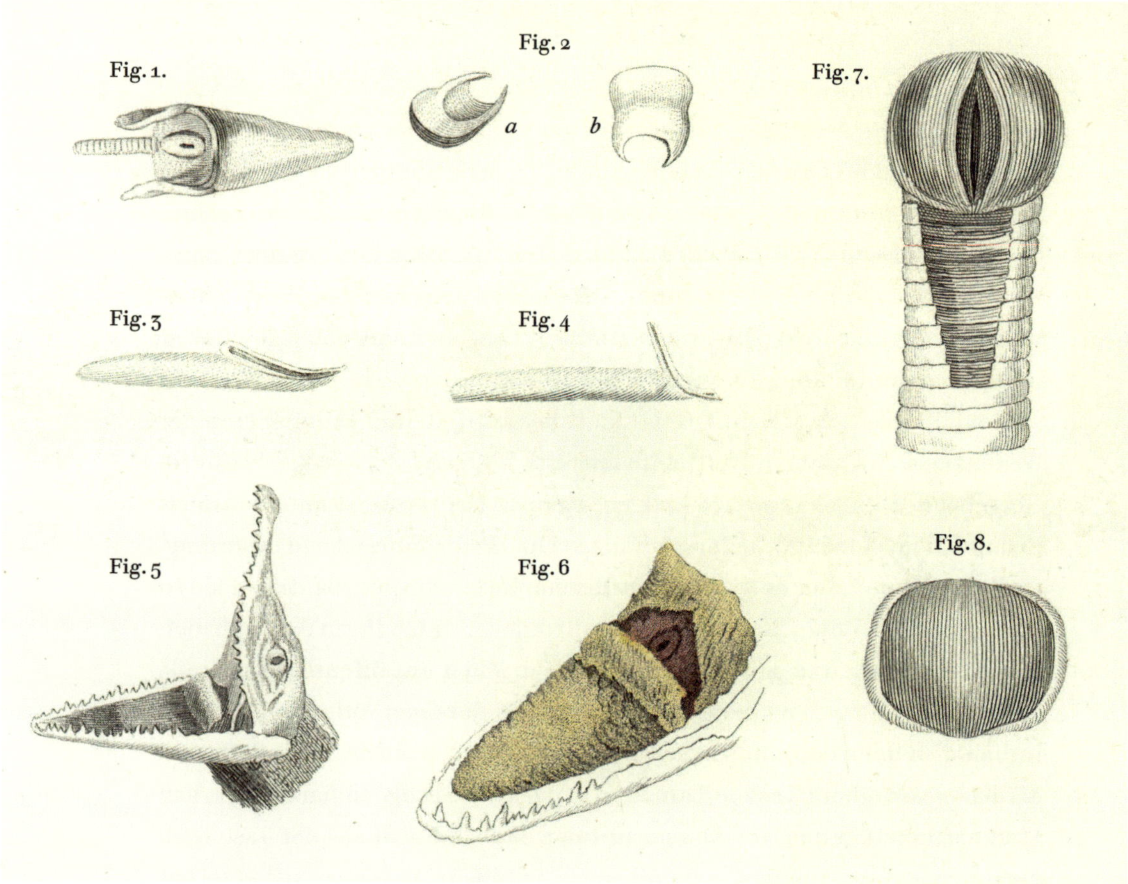

Larynx des Krokodills vom Orinoco.

Fig. 1. Zunge und Larynx.
2. Zungenbein, *a*, von oben; *b*, von unten gesehen.
3. Das gesenkte Zungenbein.
4. Das gebogene Zungenbein, indem es die Zungenklappe bildet, die den Rachen schließt.
5. Diese Zungenklappe, fast ganz verschlossen.
6. Diese Zungenklappe, hinter welcher die Stimmritze sichtbar ist.
7. Stimmritze und Halb-Ringe der Luftröhre.
8. Knorpel, der dem Larynx zur Unterstützung dient.

erfolgte so glücklich, als wenn der Arm in Paris abgelöset und die Pazientinn dort behandelt worden wäre. –

Wir haben uns auch 40 bis 50 junge Krokodile verschaft; und ich habe einige sehr merkwürdige Versuche in Hinsicht ihrer Respirazion angestellt. Statt daß andere Thiere die Luft worin sie leben, vermindern, vermehrt der Krokodil ihr Volumen. Tausend Theile atmosphärischer Luft (die aus 274 Theilen Sauerstof- 15 Th. Kohlensaurem- und 711 Stick-Gas bestehn), fand ich, nachdem ein Krokodil 1 Stunde 43 Minuten lang darin geathmet hatte, um 124 Theile vermehrt. Einer von mir angestellten genauen Zergliederung zufolge, enthielten diese 1124 Theile Luft nunmehr: 106 8/10 Sauerstof- 79 Kohlensaures- und 938 2/10 Stick-Gas, mit einigen anderen unbekannten gasartigen Substanzen vermischt. Der Krokodil erzeugt folglich in sieben Viertelstunden 64 Theile Kohlensäure, und verzehrt 167 2/10 Sauerstof. Da aber 46 Theile des Letzteren in den 64 Theilen Kohlensäure wieder enthalten sind, so eignet er sich nur 121 Th. Sauerstof zu[3]; welches, in Rücksicht der Farbe seines Blutes, sehr wenig ist.

Ich habe diese Versuche in der Stadt Mompox mit Kalkwasser und sehr sorgfältig bereitetem Salpetergas angestellt. Der Krokodil ist so empfindlich gegen das Kohlensaure Gas und gegen seine eignen Ausdünstungen, daß er stirbt, wenn man ihn in eine Luft bringt die durch einen seiner Kameraden verdorben ist. Gleichwohl kann er 2 bis 3 Stunden ohne alle Respirazion leben.

Zu obigen Versuchen, die ungemein schwierig sind und große Vorsicht erfordern, benutzte ich 7 bis 8 Zoll lange Krokodile. Ihrer geringen Größe ungeachtet, können sie mit ihren Zähnen einen Finger abbeißen; und sie sind kühn genug, mit Hunden anzubinden. – –

---

3 Scharf genommen, nur 114 Theile. Das Resultat des Hrn v. H. ergiebt sich nehmlich aus der ursprünglichen Lavoisierschen Annahme: daß 100 Theile Kohlensaures Gas aus 72 Th. Sauerstof und 28 Th. Kohlenstof bestehen. Allein neuere Versuche haben gezeigt, daß was der berühmte Reformator der Chemie für reinen Kohlenstof hielt, noch eine Verbindung des Letztern mit etwas Sauerstof ist, in dem arithmetischen Verhältnisse von 64 zu 36. Daraus folgt, daß das kohlensaure Gas eine Mischung von 83 Theilen Sauerstof mit nur 17 Th. Kohlenstof ist; und hieraus findet man die von mir angegebene geringere Zahl.

In den Wäldern

Moskitos

Wer nie auf den großen Südamerikanischen Flüssen, als dem Orinoko oder dem Rio de la Magdalena geschifft hat, der kann sich keinen Begriff davon machen, wie man jeden Augenblick des Lebens durch diese geflügelten Insekten gequält werden und wie ganze Landstriche durch sie fast unbewohnbar gemacht werden können. Mag man immer die größten Schmerzen ohne Murren ertragen können; mag man auch das lebhafteste Interesse an den Gegenständen haben, die man untersuchen will, dennoch wird man unaufhörlich durch die Mosquitos, Zancudos, Jejen und Tempraneros davon abgezogen, die sich in Schaaren auf Gesicht und Hände niederlassen, die Kleider mit ihren nadelförmigen Rüsseln durchbohren, die in Nase und Mund fliegen, und so ein unaufhörliches Husten und Nießen erzeugen, sobald man in freier Luft sprechen will. Auch giebt die plaga de las moscas, »die Qual der Fliegen« in den Missionen, die hart am Orinoko, von ungeheuern Waldungen umgeben, liegen, einen unerschöpflichen Stoff zur Unterhaltung. Begegnen sich am Morgen zwei Personen, so sind die ersten Fragen, welche sie an einander richten, folgende: Wie haben Sie diese Nacht die Zancudos gefunden? Wie werden es heute die Mosquitos treiben?

Die geographische Vertheilung dieser mückenartigen Insekten bietet sehr merkwürdige Erscheinungen dar. Sie scheint sich nicht einzig nach der Wärme des Klima's, nach der großen Feuchtigkeit und Undurchdringlichkeit der Wälder, sondern außerdem nach lokalen, sehr schwer zu charakterisirenden Umständen zu richten. Gleich zu Anfang will ich erwähnen, daß diese Landplage in der heißen Zone nicht so allgemein verbreitet ist, als man wohl denken dürfte. Auf den Hochebenen, die über 400 Toisen über der See liegen, z. B. zu Cumana, Calabozo u. s. w. sieht man nicht mehr Schnaken, als in den bewohntesten Gegenden Europa's. Dagegen vermehren sie sich zu Nueva Barcelona und mehr westlich an der Küste, die sich nach dem Kap Codera erstreckt, ungeheuer. Zwischen dem kleinen Hafen Higuerote und an der Mündung des Rio Unare, scharren sich die unglücklichen Einwohner des Nachts 3 bis 4 Zoll tief in Sand, und lassen nur den Kopf frei, den sie mit einem Tuche bedecken. Segelt man zwischen dem 7. und

8. Breitegrad von Cabruta nach Angostura stromaufwärts und von Cabruta nach Urunna stromabwärts, so ist die Plage der Insekten ziemlich erträglich. Aber jenseits der Mündung des Rio Arauca, wenn man die enge Stelle von Bareguan im Rücken hat, ist es mit der Ruhe des Reisenden vorbei. Dort scheinen die untern Luftschichten, vom Boden bis zu 15 bis 20 Fuß Höhe, durch die Unzahl dieser giftigen Insekten wie mit einem dichten Dampfe angefüllt. Stellt man sich an einen dunkeln Ort, z. B. in die Grotten bei den Katarakten, die durch einen überhängenden Granitblock gebildet werden, und blickt dann nach der von der Sonne beschienenen Oeffnung hin, so sieht man Wolken von Mosquitos, die mehr oder weniger dicht sind, je nachdem diese Thiere sich vermöge ihrer langsamen und taktmäßigen Bewegungen, vereinigen oder zerstreuen. In der Mission San Borga sind die Mosquitos schon unerträglicher als zu Carichara; allein in den Raudales zu Aturès und hauptsächlich zu Maypurès erreicht diese Qual, so zu sagen, ihr Maximum. Ich zweifle daran, daß es ein Land giebt, wo der Mensch, während der Regenzeit, größern Leiden unterworfen ist. Ueber den 5ten Breitegrad hinaus wird man etwas weniger gestochen; aber auf dem obern Orinoko sind die Stiche weit schmerzhafter, weil die Hitze und gänzliche Windstille die Haut reizbarer machen.

Gelangt man weiter nach Süden, wo die Flüsse mit braungelbem Wasser ihren Anfang nehmen, die man gewöhnlich schwarze Wasser (aquas negras) nennt, z. B. an die Ufer des Atabapo, Temi, Tuamini und Rio Negro, so genießt man einer Ruhe, ich möchte fast sagen, eines unerwarteten Glücks. Diese Flüsse laufen gleichfalls durch dichte Waldungen, allein die schnakenartigen Insekten fliehen, gleich den Krokodilen, die schwarzen Gewässer, die ein wenig kälter als die farblosen Wasser und in chemischer Hinsicht von diesen verschieden sind. Vielleicht können die Larven dieser Thiere, die man als wahre Wasserthiere ansehen kann, nicht gedeihen. Nur einige kleine Flüsse, der Toparo, Malaveni und Zama, deren Farbe entweder tiefblau oder braungelb ist, wimmeln dennoch von Mosquitos. Als wir den Rio Negro hinabfuhren, konnten wir in den, an der Brasilianischen Grenze liegenden Dörfern, Maroa, Davipe und San Carlos frei athmen; allein die Verbesserung unserer Lage war nur von kurzer Dauer. — Zu L'Esmeralda, am östlichen Ende des obern Orinoko, jenseits welcher das Land den Spaniern nicht mehr bekannt ist, sind die Mosquitowolken fast eben so dicht, als bei den großen Wasserfällen. — Zu Mandavaca trafen wir einen alten Missionär, der uns sagte: er habe seine 20 Mosquitosjahre in Amerika verlebt. Er machte uns auf den Zustand seiner Beine aufmerksam, damit wir einst zu Hause erzählen könnten, was die armen Mönche in den Wäldern des Cassiquiare von den Mosquitos zu leiden hätten. Da jeder Stich einen kleinen schwarzbraunen Punkt hinterläßt, so waren seine Beine so getiegert, daß man nur mit Mühe die weiße Farbe seiner Haut durch die Flecken hindurch erkennen konnte. — So erklärt es sich, wie der Pater Guardian einen Laienbruder, an dem er sich rächen will, gewöhnlich nach Esmeralda schickt, oder: »zu den Mosquitos verurtheilt.« In den farblosen Gewässern scheinen sich meist Species aus dem Genus Simulium aufzuhalten, während am Atabapo und Rio Negro meist nur solche vom Genus Culex hausen.

So weit von der geographischen Verbreitung dieser Thiere. Es wäre zu wünschen, daß ein geschickter Entomolog die verschiedenen Species dieser schädlichen Insekten an Ort und Stelle studiren könnte, die trotz ihrer Winzigkeit in dem Haushalte der Natur eine wichtige Rolle spielen. Wichtig und bewiesen ist, daß die verschiedenen Arten nicht zusammen, sondern jede zu einer gewissen Tageszeit schwärmen, oder wie sich die Missionärs recht naiv ausdrücken, »die Wache beziehn.« Zwischen jedem Wechsel hat man einige Minuten und oft eine Viertelstunde Ruhe. Von halb 7 Uhr Morgens bis 5 Uhr Abends, wimmelt die Luft von Mosquitos, die nicht, wie einige Reisende behaupten, die Gestalt unsrer Mücken, sondern die der Fliegen haben. Dieß sind die Simulien von der Familie der Nemocères des Latreille. Ihr Stich ist so schmerzhaft, wie derjenige der Stomoxes (Conops calcitrans). Da, wo der Saugerüssel die Haut durchbohrt hat, bleibt ein kleiner braunrother Fleck zurück, der von extravasirtem Blut herrührt. Eine Stunde vor Sonnenuntergang werden die Mocquitos von einer kleinen Art Mücken, den Tempraneros, abgelöst, die deshalb so heißen, weil sie auch bei Sonnenaufgang erscheinen, und die kaum 1½ Stunde bleiben. Nachdem sie zwischen 6 und 7 Uhr verschwunden sind, und man nur wenige Minuten Ruhe gehabt hat, wird man von den Zancudos, einer andern Mückenart mit sehr langen Füßen, angefallen. Der Stich dieses Thiers ist äußerst schmerzhaft, und die darnach folgende Geschwulst dauert mehrere Wochen. Es summt wie unsre Mücken, nur stärker und gedehnter, und ist ein wahres Nachtinsekt, während der Tempranero die Dämmerung liebt.

Auf der Reise von Carthagena nach Sta. Fe de Bogota bemerkten wir im Thale des Rio grande de la Magdalena zwischen Mompox und Honda, daß die Zancudos die Luft von 8 Uhr Abends bis Mitternacht verdunkeln, gegen Mitternacht aber abnehmen und 4 Stunden lang verschwinden, dann aber in Masse und blutdürstig wiederkehren. Auf dem Orinoko sieht man selten wirkliche Tagmücken, und die Zancudos auf beiden Strömen gehören gewiß verschiedenen Arten an.

Wir haben so eben gesehn, wie diese Tropeninsekten bei ihrem Erscheinen und Verschwinden nach gewissen Regeln verfahren. Zu bestimmten und unveränderlichen Stunden bevölkert sich in derselben Jahreszeit und Breite die Luft mit denselben Bewohnern; und unter einer Zone, wo der Barometer zur Uhr dienen kann, wo alles so wunderbar regelmäßig auf einander folgt, könnte man beinahe mit geschlossenen Augen bei Tag und Nacht die Stunde bestimmen; da man diese an den verschiedenen Gesumse und Stechen der Insekten erkennen könnte.

Auf den Flüssen Magdalena und Guayaquil allein unterschied ich 5 sehr deutlich verschiedene Arten von Zancudos.[1] Die Culex Südamerika's sind gewöhnlich an Flügeln, Bruststück und Füßen azurfarben geringelt, und schillern durch ihre verschiedene Punktirungen metallartig. Hier, wie in Europa sind die Männchen, welche sich durch ihre flaumigen Fühlhörner auszeichnen, sehr selten, und man wird nur von den Weibchen gestochen. Da jedes der Letztern mehrere hundert Eier legt, so erklärt sich hieraus, wie sich dieß Ungeziefer so schnell vermehrt. Schifft man die großen Ströme Südamerika's hinauf, so bemerkt man, daß die Erscheinung einer neuen Species von Culex jedesmal einen Nebenfluß ankündigt.

Bringen wir also die bisher angeführten Beobachtungen in eine kurze Uebersicht, so ergiebt sich Folgendes. Die Mustikos und Maringouins erheben sich nicht auf die Berghöhen der Cordilleren bis in die gemäßigte Region, wo die mittlere Temperatur unter 19 bis 20 Centigrade ist. — Sie fliehen, bis auf wenige Ausnahmen die schwarzen Gewässer, und trockne, unbewaldete Stellen, und halten sich daher nur an solchen auf, wo der Saum des Waldes nicht durch dürre Ebenen von den Flüssen getrennt ist. Man kann also von dem allmähligen Auslichten der Wälder eine Verminderung dieser schädlichen Insekten erwarten.

Die Eingebornen, sie mögen Weiße, Mulatten, Neger oder Indianer seyn, haben alle, so gut wie die Europäer, von dem Stiche der Insekten zu leiden. Nur die Wirkungen die derselbe hervorbringt sind bei den verschiedenen Menschenklassen verschieden. Wird dieselbe giftige Flüssigkeit in die Haut eines kupferfarbenen Indianers und in die eines neulich angekommenen Europäers deponirt, so verursacht sie bei dem Ersten keine Geschwulst, während sie bei dem Letztern harte, von heftiger Entzündung begleitete Blattern zur Folge hat, die mehrere Tage lang schmerzen.

So verschieden ist die Thätigkeit des Hautsystems nach den verschiede-

---

1 1) *Culex cyanopennis abdomine fusco, piloso, annulis sex albis; alis caeruleis, tarsis albo annulatis.*

Thorax fusco-ater, pilosus. Abdomen supra fusco-caerulescens, hirtum, annulis sex albis. Alae caeruleae, splendore semi-metallico, viridenti-venosae, saepe pulverulentae, margine externo ciliato. Pedes fusci, tibiis hirtis, tarsis nigrioribus, annulis quatuor niveis. Antennae maris pectinatae.

Habitat locis paludosis ad ripam Magdalenae fluminis, prope Teneriffe; Mompox, Chillea, Tamalameque caet. (Regno Novogranadensi.)

2) *Culex lineatus, violaceo-fuscescens; thorace fusco, utrinque linea longitudinali, maculisque inferis argenteis; alis virescentibus; abdomine annulis sex argenteis; pedibus atro-fuscis; posticorum tibiis apicibusque albis.*

Habitat ad confluentem Tamalamequen in ripa Magdalenae fluminis. (Regno Novogranadensi.)

3) *Culex ferox supra caeruleo aureoque varius, annulis quinque albis inferis, alis virescentibus; pedibus nigricanti-caeruleis, metallico splendentibus; posticis longissimis, basi apiceque niveis.*

Omnium maximus differt 1 a C. haemorrhodali Fab. cui pedes quoque caerulei, thorace superne caeruleo et auro maculato; 2 a C. cyanopenni corpore superne caeruleo, pedibus haud annulatis, haud fuscis. An. Nhatin Maregr p. 257?

Habitat ad ripam inundatam fluminis Guayaquilensis, prope San Borondon. (Regno Quitensi.)

4) *Culex chloropterus, viridis, annulis quinque albis; alis virescentibus, pedibus fuscis ad basim subtus albis.*

Habitat cum praecedente.

5) *Culex maculatus viridi-fuscescens, annulis octo albis, alis virescentibus, maculis tribus auticis, atrocaeruleis, auro immixtis; pedibus fuscis, basi alba.*

Habitat cum C. feroce et C. chloroptero in ripa fluminis Rio de Guayaquil propter las Bodegas de Babaoyo.

nen Graden der Irritabilität der Organe bei jeder Menschenraçe, ja, jedem Individuum. – Doch daß die Indianer eben sowohl durch die Stiche leiden, geht daraus hervor, daß sie sich beim Rudern unaufhörlich mit der flachen Hand schlagen um die Insekten zu vertreiben. Die Otomaquer, eines der barbarischsten Völker, kennen den Gebrauch der Mückenflore, die sie aus Palmfasern weben. Zu Higuerote schlafen die farbigen Leute, wie gesagt, häufig im Sande verscharrt. In den Dörfern des Rio Magdalena luden uns die Indianer häufig ein, auf dem Hauptplatz neben der Kirche, wo sich alles Hornvieh der Umgegend versammelt, auszuruhn, indem die Nähe des Viehes den Menschen einige Ruhe verschafft. Die Indianer am obern Orinoko und am Cassiquiare haben kleine Zimmer ohne Fenster (s. g. hornitos), in welche man durch eine sehr niedrige Oeffnung auf dem Bauche kriechen muß. Sobald man nun die Insekten durch Räuchern daraus vertrieben hat, so verstopft man die Oeffnung. Allein die Abwesenheit der Mosquitos muß man durch die heiße und stockende Luft theuer erkaufen.

Die in Südamerika gebornen, oder lange wohnhaften Europäer leiden weit mehr als die Indianer, aber unendlich weniger als ihre erst neuerdings ausgeschifften Landsleute. Also liegt nicht in der Dicke der Haut, wie einige Reisende behaupten die Ursache, daß die Stiche in dem Augenblicke, wo man sie empfängt, weniger schmerzhaft sind. Auch ist nicht in der besondern Organisation der Integumente der Indianer der Grund zu suchen, daß dem Stiche weniger Geschwulst und entzündliche Symptome folgen; sondern dieß liegt an der verschiedenen nervösen Reizbarkeit des Hautsystems. Diese Reizbarkeit wird vermehrt, durch sehr warme Kleider, durch den Genuß geistiger Getränke, durch die Gewohnheit an den Wunden zu jucken und, wie auch selbst die Erfahrung gelehrt hat, durch zu schnell hintereinander wiederholte Bäder. Diese letzten machen zwar die alten Stiche schmerzloser, aber gegen die frischen empfindlicher.

Da die Mustikos und die Maringouins zwei Drittel ihres Lebens im Wasser zubringen, so darf man sich nicht wundern, daß diese schädlichen Insekten in den Wäldern desto seltener werden, je mehr man sich von den großen Strömen entfernt, welche diese durchschneiden. Sie scheinen die Orte zu lieben, wo ihre Verwandlung statt gehabt hat, und wohin sie wieder ihre Eier legen wollen. Daher gewöhnen sich die Indianer so schwer an das Leben in den Missionen, weil sie daselbst unter einer Qual seufzen, die sie in ihren ursprünglichen Wohnsitzen kaum kennen, und fliehen bald wieder den Wäldern zu. Die Missionen sind in dieser Hinsicht sehr fehlerhaft angelegt.

Die kleinen Insekten aus der Familie der Nemocères sollen von Zeit zu Zeit Wanderungen machen. Zuweilen sieht man an gewissen Orten zu Anfang der Regenzeit Arten erscheinen, deren Stiche man früher noch nicht gefühlt hat. So sagte man uns zu Simiti am Magdalenenfluß, man habe vor Zeiten hier von Culex-Arten nur den Jejen (Xexen) gekannt, und daher die Nacht über Ruhe gehabt. Seit dem Jahr 1801 aber, habe sich die große Mücke mit blauen Flügeln (Culex cyanopterus) so häufig eingestellt, daß die armen Einwohner zu Simiti nicht mehr ruhig schlafen könnten. In den morastigen Canälen der Insel Barù hält sich die kleine Fliege Cafafi auf, die dem unbewaffneten Auge kaum erkennbar ist, und sehr schmerzhafte Geschwülste hervorbringt. Man muß die baumwollenen Gewebe, die als Mückennetze dienen, naß machen, wenn der Cafafi nicht durch die Zwischenräume dringen soll. Dieß Insekt, welches glücklicherweise sonst ziemlich selten ist, zieht im Januar durch den Canal von Mahates bis Morales hinauf.

Geringe Modifikationen in der Nahrung und im Klima, scheinen bei den nämlichen Arten der Mustikos und Maringouins in der Wirksamkeit des Gifts, welches diese Thiere aus ihrem scharfen und am untern Ende gezähnten Saugerüssel entladen, Veränderungen hervorzubringen. Auf dem Orinoko finden sich die blutgierigsten Insekten[2] bei den großen Catarakten, zu L'Esmeralda und Mandavaca. Auf dem Magdalena wird der Culex cyanopterus vor Allem zu Mompox, Chilloa und Tamalamequa gefürchtet. Dort ist er größer und stärker und hat schwärzere Beine. Man kann sich des Lachens nicht erwehren, wenn man die Missionäre über die Größe, Gefräßigkeit und Blutgier der Mosquitos in verschiedenen Gegenden des Flusses streiten hört. Diese Erscheinungen sind zwar recht sehr merkwürdig; allein ähnliche auch bei größern Thiergattungen bemerkbar. So verfolgt das Krokodil

---

2 Man muß sich wundern, bei Insekten, die sich doch von Pflanzensäften nähren, diesen Blutdurst anzutreffen. »Wovon sollten diese Thiere leben, wenn wir nicht hier durchreisten?« pflegen die Creolen zu sagen; da es in jenen Gegenden nur bepanzerte Krokodile und langhaarige Affen giebt.

zu Angostura den Menschen, während man sich zu Neu-Barcelona im Rio Neveri mitten unter diesen Carnivoren furchtlos badet. Die Jaguars von Maturin, Cumanacoa und von der Landenge von Panama sind, im Vergleich mit denen am obern Orinoko, feig. Die Indianer wissen sehr gut, daß die Affen aus dem oder jenem Thale leicht zu zähmen sind, während andere von derselben Species, die anderswo gefangen werden, lieber Hungers sterben, ehe sie sich der Dienstbarkeit unterziehen. Noch näher liegt das Beispiel vom Scorpion zu Cumana, der von demjenigen auf der Trinitatisinsel, Jamaika, zu Carthagena und Guayaquil sehr schwer zu unterscheiden, aber nicht fürchterlicher, als der Scorpio europaeus des südlichen Frankreichs ist: während der andere weit beunruhigendere Zufälle veranlaßt, als selbst der Scorpio occitanus von Spanien und der Berberei.

Die Leute in Amerika haben sich, gerade wie die Gelehrten in Europa, über die Heilsamkeit der Klimate und die pathologischen Erscheinungen, Systeme gebildet, die sich häufig in den verschiedenen Provinzen schnurgerade entgegenlaufen. So hält man am Magdalenenfluß die Mosquitos zwar für lästig, aber für sehr zuträglich. »Diese Thiere, sagen die Einwohner, verursachen kleine Aderlässe, die uns in diesem heißen Klima, vor dem Tabardillo, Scharlachfieber und andern entzündlichen Krankheiten bewähren.« Dagegen schiebt man an den äußerst ungesunden Ufern des Orinoko die Schuld der Krankheiten auf die Mosquitos. »Diese Insekten, sagt man, entstehen aus verfaulten Stoffen und vermehren die Verderbniß: sie entzünden das Blut.« Daß die erstere Ansicht nicht die richtigere ist, bedarf keiner Erinnerung.

Die Häufigkeit der Mustikos und Maringouins charakterisirt indeß die ungesunden Klimate nur in so fern, als die Entwickelung und Vermehrung dieser Insekten von denselben Ursachen abhängt, welche die Miasmen erzeugen. Diese schädlichen Thierchen lieben einen fruchtbaren mit Vegetation bedeckten Boden; stockende Gewässer, eine feuchte Luft, die nie durch den Wind bewegt wird. Sie besuchen vorzugsweise solche Orte, wo jener mittlere Grad von Licht, Wärme und Feuchtigkeit herrscht, der chemischen Processen so günstig ist, und also die Fäulniß organischer Substanzen befördert. Ob die Mosquitos selbst zu der Ungesundheit der Atmosphäre beitragen? Bedenkt man, daß bis zu 4 Toisen Höhe auf jedem Kubikfuß Luft oft eine Million geflügelter Insekten kommen, die ein kaustisches und giftiges Fluidum bei sich führen; erinnert man sich, daß sich in diesen Schwärmen eine Menge todter Insekten befinden die der Luftzug von unten oder von der Seite herbeiführt, so dringt sich die Frage auf, ob nicht durch die Gegenwart so vieler animalischer Substanzen eigenthümliche Miasmen entstehen dürften? Ich glaube allerdings, daß diese Substanzen anders auf die Atmosphäre einwirken, als Sand und Staub. Doch es würde vorlaut seyn, jetzt etwas Bestimmtes darüber auszusprechen.

Weniger ungewiß und, so zu sagen, durch tägliche Erfahrungen bestätigt, ist, daß an dem Orinoko, Cassiquiare, Rio Caura und überhaupt da, wo eine sehr ungesunde Luft herrscht, der Stich der Mosquitos die Organe zur Einsaugung der Miasmen geneigter macht. Ist man Monate lang bei Tag und Nacht der Qual dieser Insekten ausgesetzt, so verursacht die beständige Reizung der Haut fieberhafte Bewegungen, und unterdrückt, vermöge der schon vor Alters erkannten Wechselwirkung des Haut- und gastrischen Systems die Funktionen des Magens. Man fängt an, an Unverdaulichkeit zu leiden, die Entzündung der Haut erzeugt häufigen Schweiß; man kann seinen Durst nicht löschen; und auf die immer wachsende Ungeduld folgt bei Personen von schwacher Konstitution eine Niedergeschlagenheit des Geistes, welche das Einwirken aller krankheiterzeugenden Einwirkungen sehr befördert. Heut zu Tage sind es nicht die Gefahren der Schifffahrt, die wilden Indianer, Schlangen, Jaguars und Krokodile, die man auf den Reisen durch jene Flußkanäle fürchtet, sondern »el sudar y las moscas« (der Schweiß und die Fliegen).

Wer lange Zeit in den, von Mosquitos befeindeten Ländern gelebt hat, der wird, wie wir, die Erfahrung gemacht haben, daß es gegen diese quälenden Insekten kein gründliches Mittel gebe. Die Indianer salben sich mit Onoto, Siegelerde oder Schildkrötenfett ein, und suchen dennoch die Insekten unaufhörlich durch Schläge mit der flachen Hand zu verjagen. Alle Mückenflöre, Toldos etc. sind wegen der großen Hitze die sie hervorbringen und der vollkommenen Unthätigkeit, die sie erheischen, unerträglich. Ein schwacher Wind, Räucherungen und starke Gerüche schaffen in Gegenden, wo die Mosquitos sehr zahlreich und hungrig sind nur unerheblich Erleichterung. Mit Unrecht behauptet man, daß diese kleinen Thiere, den eigenthümlichen

Geruch des Krokodils fliehen. Bei Bataillez, zwischen Carthagena und Honda, wurden wir fürchterlich von den Mosquitos gepeinigt, während wir ein 11 Fuß langes Krokodil secirten, welches die ganze Umgegend mit seinem Duft erfüllte. Die Indianer empfehlen den Geruch von verbranntem Kuhmist als sehr wirksam. Weht ein starker von Regen begleiteter Wind, so verschwinden die Mosquitos auf einige Zeit. Am grausamsten stechen sie, wenn ein Gewitter im Anzuge ist, sonderlich wenn keine Regengüsse auf die Entladung der Elektricität folgen. — Stete Bewegung ist noch das beste Mittel gegen den Stich der Insekten. Der Zancudo summt lange umher, bevor er sich niederläßt. Hat er sich aber einmal fest gesaugt, so kann man ihm an die Flügel greifen, ohne daß er Furcht zeigt. Während er saugt, hält er die beiden hintersten Füße in der Luft schwebend, und läßt man ihn nach Gefallen, ohne ihn zu stören, saugen, so wird die Stelle nicht schwellen und vollkommen schmerzlos seyn. Entladet nun das Insekt die ätzende Feuchtigkeit erst im Augenblick wo es verjagt wird? oder saugt es dieselbe wieder ein, wenn man es nach Gefallen seinen Durst stillen läßt? Ich würde mich für die letztre Meinung entscheiden. Denn wenn ich dem Culex cyanopterus ruhig die Rückseite meiner Hand hinhielt, so war anfangs der Schmerz sehr heftig und verringerte sich in dem Maaße, als das Insekt fortfuhr zu saugen. Auch stellte ich den Versuch an, daß ich mich mit einer Nadel in die Hand stach, und die Wunde mit zerquetschten Mustikos einrieb, dennoch blieb ich von aller Geschwulst befreit. Die reizende Feuchtigkeit der Diptères, Nemocères, in welcher die Chemiker indeß noch keine ätzenden Eigenschaften haben erkennen können, befindet sich, wie bei den Ameisen und andern Hymènoptères in besondern Drüschen: und wird wahrscheinlich zu sehr vertheilt und folglich geschwächt, wenn man sich die Haut mit dem ganzen zerquetschten Thier einreibt.

Löwenaffen

In den unermeßlichen Ebenen, welche sich von dem östlichen Abhange der Cordilleren, bis gegen die brasilianische Küste erstrecken; in den dichten, fast undurchdringlichen Wäldern zwischen dem Amazonen-Strome, dem Rio-Negro und dem Orinoco sind das Flußschwein (*Cavia capybara*), der Pecari (*Sus tajassu*), der Tapir und die Affen unstreitig die weit verbreitetsten Thiere. Unter ihnen übertreffen die *Sapajou* und *Alouaten* alle andere, theils in der specifischen Mannigfaltigkeit ihrer Bildung, theils in der Zahl der Individuen einer und derselben Art. Einige dieser Affen, wie der Capuciner des Orinoco, der Tiger-Affe (*Cusicusi*), und die Wittwe (*la Viudita*), drey neue Species, welche ich in der Folge beschreiben werde, leben paarweise, melancholisch, mißtrauisch, wie der Mensch im Naturstande, und vor ihrer eigenen Art fliehend. Andere dagegen, wie die Sagoin und Heul-Affen (*Simia seniculus*, *Simia ursina*, *Simia beelzebub*), ziehen schaarenweise, und in fröhlicher Geselligkeit, von Baume zu Baume. So die Titi von Atures, welche Buffon's *Saïmiri* und Linne's *Simia sciurea* sind; diese wegen ihrer außerordentlichen Kleinheit und Schönheit berufenen Affen drängen sich dicht an einander, sobald es zu regnen beginnt. Eine Erniedrigung der Luftwärme von 3 bis 4° des hunderttheiligen Thermometers afficirt sie dergestalt, daß sie sich zu zehn und zwölfen mit den Armen gegenseitig umfassen, und eine Art Knäuel bilden, in welchem jedes Äffchen mit klagendem Geschrey in die wärmere und trocknere Mitte zu dringen strebt. Die Indianer am Orinoco, auf dieses Geschrey aufmerksam, richten das Blaserohr oder den Pfeil nach dem Orte, wo sie das Affen-Knäuel vermuthen: so gereicht diesen Thierchen der Trieb zur Geselligkeit zum eigenen Verderben.

Trotz der großen Menge Pavianen, Cercopitheken und Affen, welche bereits beschrieben worden sind, kennt man (wie ich glaube) doch bey weitem noch nicht den zehnten Theil der existirenden Arten. In Afrika, und selbst in Süd-Amerika, gibt es Gegenden von sechzig bis achtzig tausend Quadratmeilen, welche noch von keinem Europäer betreten wurden. Dazu sind die schon beschriebenen Affen, selbst in den neuesten und, ihrem Äussern nach, prachtvollsten Werken, so unvollkommen abgebildet, daß diejenigen, welche sie Jahre lang in ihrer Heimat zu sehen gewohnt sind, Mühe haben, das Original in dem Kupfer zu errathen. Der eben genannte *Simia sciurea*, die Varietäten des *Simia capucina*, und selbst der *Simia paniscus*, welcher das gewöhnliche Wildpret dieser Gegend ist, können zum Beyspiel dienen.

Unter der großen Zahl neuer Affen-Arten, welche ich auf meiner Reise nach den Tropen zu beobachten Gelegenheit gehabt habe, wähle ich für jetzt nur eine aus den Waldebenen von Mocoa aus, die wegen ihrer großen Ähnlichkeit mit dem afrikanischen Löwen sehr merkwürdig ist. Ich habe dieselbe während meines Aufenthalts in Popayan, nach dem Leben gezeichnet, und Herr Turpin zu Paris hat meine Zeichnung weiter ausgeführt.

Dieses schöne, kleine Thier, welches ich den Löwen-Affen nenne, ist, der Versicherung der kupferfarbigen Eingebornen nach, selbst in seiner Heimath sehr selten. Es bewohnt die Ebene, welche südlich vom See von Sebondoy (in dem Bisthum Popayan) den östlichen Abfall der Cordilleren begrenzt, die heissen aber fruchtbaren Ufer des Putumayo und Caqueta, zwischen 0° 15' und 1° 25' nördlicher Breite. Es steigt nie in die mildere kühlere Berg-Gegend, während daß ganze Schaaren des *Simia beelzebub* bis zu Höhen schwärmen, die der des Gotthard und S.t Bernhards gleich kommen. Der Löwen-Affe von Mocoa ist leicht von den ihm verwandten Arten zu unterscheiden. Er hat nicht den weissen Kopf des *Simia leucocephala*, welcher in dem vortrefflichen Werke des Herrn Audibert abgebildet ist. Er unterscheidet sich von dem *Simia rosalia* und dem Saki oder Fuchsschwanz-Affen (*Simia pithecia*) durch den weissen Fleck, welcher maskenartig Nase, Mund und Kinn bedeckt; von dem *Simia iachus* durch sein schwarzes Gesicht, seinen nicht weiß geringelten Schwanz, und die auffallend ungleiche Bildung seiner vorderen und hinteren Extremitäten: da die ersteren fast katzenartige Klauen, und die letzteren sehr menschenähnliche Finger haben.

Der Löwen-Affe ist von bräunlicher ins olivengrüne spielender Farbe, und ohne den Schwanz kaum 0,20 Meter (7 bis 8 Zoll) lang. Der an der Spitze zottige Schwanz ist von der Länge des Leibes. Er ist eines der schönsten feingebildetsten Thiere, das ich je gesehen. Er ist lebhaft, fröhlich, gerne spielend, aber (wie fast alles Kleine in der Thier-Schöpfung) hämisch, und zu schnellem Zorne geneigt. Wenn man ihn reitzt, so schwillt ihm sichtbar der Hals, dessen lockere Haare sich sträuben, wodurch dann die Ähnlichkeit mit

Simia leonina.

dem afrikanischen Löwen sehr vermehrt wird. Ich habe nur zwey Individuen dieser Art selbst beobachten können. Diese waren auch die ersten, welche man je lebendig über den Rücken der Andeskette in die westlichen Länder gebracht hatte. Man bewahrte sie, ihrer Wildheit wegen, in einem großen Käfig. Sie blieben in so ununterbrochener Bewegung, daß ich lange Zeit brauchte, ihre charakteristischen Kennzeichen genau aufzufassen. Ihre bald zwitschernde, bald pfeifende Stimme gleicht der des *Simia œdipus*, daher ich vermuthe daß die Struktur des Kehlkopfes dieselbe seyn mag, wie ich sie, Pl. IV, N.º VIII, fig. 2, dargestellt habe. Man hat mich versichert, daß in den Hütten der Indianer von Mocoa der zahme Löwen-Affe sich fortpflanze, während es andere Affen-Arten in den Tropen-Ländern eben so selten als in Europa thun.

SIMIA LEONINA.

Ex olivaceo fuscescens, facie atra, ore albo, dorso striis albo-flavescentibus picto.

Caput parvum, depressum, nigrescens. Facies anthropomorpha atra; macula albo-cærulescens circa os et nares. Auriculæ subtriangulares, distantes, margine superiori deflexo, magnæ, aterrimæ, pilosæ. Corpus ex badio olivaceum, pilis nigro-annulatis, in collo longioribus. Dorsum maculis et striis albo-flavescentibus variegatum. Cauda non prehensilis, longitudine corporis, superne atra, inferne badia, apice incurva et crassior. Manus aterrimæ, interne nudæ (*pollice in manibus anterioribus et posterioribus distante*). *Ungues acuti, incurvi, atri; pollicis ungue in manibus anterioribus oblongo, acuto, in manibus posterioribus* (*pedibus*) *obtuso, anthropomorpho.*

Um sich diese und andere seltene süd-amerikanische Affen in Europa zu verschaffen, müßte man sie nicht erst über die Cordilleren führen, sondern an dem östlichen Gebirgs-Abfalle selbst auf den Flüssen einschiffen. Wollte irgend ein Staat eine Expedition unternehmen, in der das Interesse der Naturkunde dem der geographischen Entdeckungen nicht untergeordnet wäre: so müßte derselbe flache Böte (Canoes) den Orinoco aufwärts durch den Cassiquiare und Rio-Negro nach dem Amazonen-Flusse senden; diese letzteren gegen Westen, bis zu den Mündungen des Putumayo und Caqueta hin, beschiffen, und, an der Kataracte von Manseriche umkehrend, die mit Naturprodukten beladenen Fahrzeuge den ganzen Amazonen-Fluß bis zu seiner Mündung abwärts segeln lassen. Ein solches Unternehmen wäre für die Gesundheit der Mitreisenden allerdings sehr gefahrvoll: aber es ist wenig kostbar; es verspricht eine sichere Ausführung, und würde die europäischen Museen mehr bereichern, als die sogenannten Weltumsegelungen, auf denen man nur Küsten untersucht, und von dem Gesammelten den größern Theil wiederum einbüßt.

Klammeraffen

Berlin, d. 14. Junius, 1806.

— — Ich rücke sehr gut in der Arbeit fort, auf welche Sie ein so gütiges Interesse heften. Wissenschaftliche Werke, die mit Zahlen gefüllt sind, erfordern viel Zeit. Denken Sie, daß das englische Gouvernement selbst 3 bis 4 Jahre bedurfte, um *Vancouver's* Reise redigiren zu lassen, und meine Redaction ist der Masse und Vielseitigkeit wegen schwieriger. Etliche 20 Bogen in 4to von der Pflanzengeographie sind bereits gedruckt. Der erste Theil der historischen Beschreibung ist weit vorgerückt und zugleich wird auch die Statistik von *Mexiko* und der Theil der astronomischen Beobachtungen und Messungen erscheinen. Die Höhenmessungen wurden nach *Laplace's* Formeln berechnet. Dazu kommen die Berechnungen der Chronometer-, Monddistanzen, Trabanten-Beobachtungen für Orte, um Längen und Breiten zu bestimmen. —

— — Von den zwei Fischen[1] habe ich nicht ganze colorirte Zeichnungen, sondern kann die Farbe nur in Stücken angeben. Der eine ist der *Eremophilus Mutisii*, der andre der *Astroblepus.* Die Farbe und Zeichnung ist übrigens auf dem ganzen Leibe dieselbe, erstere graulichgrün. Beide und der *Pimelodes* sind in natürlicher Größe von mir gezeichnet. — — Ueber die *Pimeloden* setze ich hinzu: Alle Vulkane sind hohle, an einander gereihte Gewölbe. Man erkennt dies an jedem Crater. Reichen die Vulkane, wie in den *Andes*, in die ewige Schneelinie über 2500 Toisen unter dem Aequator hinaus, so

---

1 Frhr. *v. H.* hatte die Güte, mir die Zeichnung zweier seltener Fischarten, und besonders der von den südamerikanischen Vulkanen ausgeworfenen *Pimeloden* mitzutheilen.

D. H.

2 Das geogr. Institut hat von einem in diesem Fache rühmlich bekannten Gelehrten eine Uebersetzung dieses Werks veranstalten lassen, deren Erscheinung durch die Hoffnung die dem Engländer *Skinner* nicht zugänglichen Bände des *Mercurio peruano* zu erhalten und durch sie seine Nachrichten zu ergänzen, verzögert ward.

D. H.

füllen sich in Jahrtausenden diese Höhlen und Gewölbe mit geschmolzenem Schneewasser. Der Sitz des Feuers ist fern davon. Entstehen nun bei Explosionen Erdbeben, so öffnen sich diese unterirdischen Kammern und die Fische, welche darin leben, stürzen mit dem Wasser heraus. Wie sie aber zuerst auf solche Höhen kamen, ist schwer zu sagen. Vielleicht werden sie gehoben, wie die Dämpfe vor unsern Augen den Boden des vesuvischen Craters heben; ja so heben, daß 1805 man den Boden (fond du crater) von Neapel aus sah. –

– – *Skinner's Description of Peru*[2] ist nicht so schlecht. Ich habe sie flüchtig durchblättert. Leider hat der Vf. nicht alle 12 Bände des *Mercurio peruano* gekannt und die interessantesten Materialien, z. B. die Charte vom *Rio Guallaga*, weggelassen. In einer gewissen gelehrten Zeitung las man über diese Schrift sehr abentheuerlich: »die Aufsätze hätten etwas Fremdes, man möchte sagen, *Uneuropäisches.*« Welch ein Vorwurf! – Europäisch ist freilich in *Lima* nichts. Die Kupfer sind meistens abscheulich und englischer Zusatz, z. B. die Kleidung der *Ynkas*, die Minerva u. s. w. Dagegen sind die Damen von *Quito* mit den faltigen Kleidern (*punzoña*) und der Sklave schon sehr gut. –

– – Ich lege Ihnen eine kleine Originalskizze des braven *Schick*, eines sehr geistreichen, teutschen Künstlers, welcher seit Jahren in *Rom* lebt, den ich dort fand und den ich unter meine Freunde zählen darf, als ein kleines Geschenk bei. Sie schildert sehr treu unsere nächtliche Existenz auf der *Reise am Orinoko*, wie man die Hamaken ausbreitet, die Feuer anschürt gegen den grausamen Jaguar; die Papageien und Affen, die wir lebendig bei uns hatten; wie ein Affe gebraten wird, um ihn zu essen; die Palmzweige, welche man über der einen Seite der Hamaken sehr pittoresk ausbreitet, um sich etwas vor dem Regen in das Gesicht zu schützen u. s. w. Die Skizze ist in der That sehr genialisch und Jemand, der mit uns gewesen wäre, würde es nicht treuer haben machen können. – – Vielleicht finden Sie Gelegenheit, sie zu benutzen, oder einmal stechen zu lassen. –

Al. v. Humboldts nächtliche Scene am Orinoco.

Berlin, d. 21. Novbr. 1806.

— — Die kleine Zeichnung, welche ich Ihnen mittheilte, und welche Ihre Aufmerksamkeit auf sich gezogen hat, entstand folgendermaßen. Hr. *Schick*, ein Wirtemberger, (derselbe, dessen großes Bild der Sündfluth viel Ruf hat), hörte mich oft, bei meinem letzten Aufenthalte in Rom, mit Interesse von meinem Leben in den Wäldern der *Guayana* reden, besonders von den nächtlichen Scenen am Ufer des *Orinoko*. Ich zeigte ihm kleine Skizzen, welche ich selbst an Ort und Stelle mit wenigen Linien entworfen. Nach diesen und nach meiner Erzählung entstand jene Zeichnung, welche in der That im Detail so genau ist, als man es von Darstellungen einer so großen Natur verlangen kann.

Wenn ich sie betrachte, glaube ich mich an den *Alto Orinoko* oder *Cassiquiare* versetzt. Nichts gränzt an die stille Majestät jener Tropennächte. Der Wald (Mimosen, Palmen, Hevea und Cäsalpinien) drängt sich dicht an den Fluß. Man fährt lange mit dem Canot am Ufer hin, bis man eine Stelle trifft, wo das Pflanzengewirre Einem Raum läßt, ans Land zu steigen und seine Hamaken (Hängematten) auszuspannen. Europäer haben keinen Begriff von diesen Hindernissen, welche die Vegetation der Cultur des Menschengeschlechts im Innern von *Südamerika* setzt. Die wildesten Völkerstämme, wenn sie nicht Savannen (Grasfluren) bewohnen, werden zum Gartenbau gezwungen. Sie müssen Pisang und Arumarten und Jatropha bauen, weil das Dickicht der Wälder sie hindert, als Jäger zu leben. Missionsniederlassungen liegen nur etwa 1000 Toisen von einander entfernt, und kaum hat man einen Landweg von einer zur andern eröffnen können. Die ewigen Aequatorial-Regen hindern das Abbrennen der Waldungen, und das Menschengeschlecht muß in Menge noch sehr zunehmen, ehe es dort Herr der Pflanzenschöpfung wird.

Die Indianer rudern mit gränzenloser Anstrengung Strom aufwärts 15 Stunden lang. Man fährt um 2 bis 3 Uhr Morgens ab und bleibt bis 6 Uhr Abends auf dem Flusse, d. h. bis zur einbrechenden Nacht. Wir waren drei weiße Menschen und 14 bis 15 kupferfarbene Indianer. Kaum landet man an, wo die Waldung etwas lichter ist, so schafft man sich Raum durch Weghauen der Zweige und der rankenden Pflanzen. Die Instrumente und die Petacas (Koffer von Rindsleder, unsern Schachteln ähnlich) werden in die

Mitte gesetzt. Umher spannt man die Hamaken aus, in denen man vor den furchtbaren Schlangen gesichert ist, die abgerechnet, welche sich von oben von den Bäumen herablassen. Wo die Bäume fehlten, an sandigen Ufern, wo der Fluß sein Bette nicht ganz ausfüllt und wo man es nicht wagt, sein Canot zu weit zu verlassen, schliefen wir auf platter Erde auf einem ausgebreiteten Thierfelle. Von den zahllosen Mosquitos (von denen zu verschiedenen Stunden verschiedne Gattungen erscheinen, und die man, ohne sie zu sehen, am Stich, nach der Art des Schmerzes, unterscheidet) sage ich Ihnen nichts. Reisende, die bloß in Westindien, oder an den Küstenländern in Südamerika oder in Peru waren, kennen diese gränzenlose Plage nur durch Erzählung Anderer. Im vollem Maaße empfindet man dies Uebel nur in der Flußwelt am *Magdalenen-Flusse*, am *Orinoko* und *Cassiquiare*, nicht am *Rio Negro*. Denn überall, wo schwarzes, caffeebraunes Wasser fließt, giebt es keine Crocodile, keine Mosquitos und angenehme Kühlung. Die ersten Wochen erschöpft man seine Einbildungskraft mit Anstalten, sich vor diesen Plagen zu schützen. Nach Monaten fühlt man, daß alle Gegenmittel umsonst sind. Kaltes Wasser lindert die Geschwulst. Aber das Flußwasser ist zu 22° Réaum. und der Blutdurst der Crocodile, die man nicht mit dem Alligator verwechseln muß, wie der Biß des Caraiben-Fisches, verbieten meist das Baden.

Unsere Hamaken und die des Mönchs (denn ein Franciskanermönch ist ein schützender Begleiter) werden in der Mitte ausgespannt. Den äußern Rand des Ranche nehmen die Indianer ein. Noch weiter hin schürt man Feuer an, um den Jaguar abzuhalten. Denn der Tiger der *Guayana* ist gar nicht so feige, als *Buffon* behauptete, der Jaguar und Tigerkatzen verwechselte. Ein Augenblick großer Gefahr ist, wenn durch nächtliche Regen jene Feuer erlöschen. Man muß dann den ganzen Regen in der Hamake abwarten, da die Crocodile, welche an das Ufer kommen, Einen hindern, das Canot zu suchen. Das Geschrei der Waldthiere ist dann unbeschreiblich und giebt der Scene einen Charakter romantischer Wildheit.

In der Mitte des Bildes hat Hr. *Schick* eine Indianische Küche abgebildet. Sie sehen, sie ist sehr einfach. Ein von Baumzweigen gebildeter Rost, auf dem man den Affen, die große *Simia Paniscus* bratet. Affenschinken sind ein Leckerbissen dieser Welt. —

Nachtaffen

Wenn die, stammweise so verschiedene Lebendigkeit des Naturgefühls, wenn die Beschaffenheit der Länder, welche die Völker gegenwärtig bewohnen oder auf früheren Wanderungen durchzogen haben, die Sprachen mehr oder minder mit scharf bezeichnenden Wörtern für Berggestaltung, Zustand der Vegetation, Anblick des Luftkreises, Umriß und Gruppirung der Wolken bereichern; so werden durch langen Gebrauch und durch litterarische Willkühr viele dieser Bezeichnungen von ihrem ursprünglichen Sinne abgewendet. Für gleichbedeutend wird allmählich gehalten, was getrennt bleiben sollte; und die Sprachen verlieren von der Anmuth und Kraft, mit der sie, naturbeschreibend, den physiognomischen Charakter der Landschaft darzustellen vermögen. Um den linguistischen Reichthum zu beweisen, welchen ein inniger Contact mit der Natur und die Bedürfnisse des mühevollen Nomadenlebens haben hervorrufen können, erinnere ich an die Unzahl von charakteristischen Benennungen, durch die im Arabischen und Persischen[1] Ebenen, Steppen und Wüsten unterschieden werden: je nachdem sie ganz nackt, oder mit Sand bedeckt, oder durch Felsplatten unterbrochen sind, einzelne Weideplätze umschließen oder lange Züge geselliger Pflanzen darbieten. Fast eben so auffallend sind in alt-castilianischen Idiomen[2] die vielen Ausdrücke für die Physiognomik der Gebirgsmassen, für diejenigen ihrer Gestaltungen, welche unter allen Himmelsstrichen wiederkehren und schon in weiter Ferne die Natur des

---

1 Man könnte mehr als 20 Wörter anführen, durch welche der Araber die Steppe (tanufah), die wasserlose, ganz nackte, oder mit Kiessand bedeckte und mit Weideplätzen untermischte Wüste (sahara, kafr, mikfar, tih, mehme) bezeichnet. Sahl ist eine Ebene als Niederung, dakkah eine öde Hochebene. Im Persischen ist beyaban die dürre Sandwüste (wie das mongolische gobi, und chinesische han-hai und scha-mo), yaila eine Steppe mehr mit Gras als mit Kräutern bedeckt (wie mongolisch küdah, türkisch tala oder tschol, chinesisch huang). Deschti-reft ist eine nackte Hochebene. (Humboldt, Relation hist. T. II. p. 158.)

2 Pico, picacho, mogote, cucurucho, espigon, loma tendida, mesa, panecillo, farallon, tablon, peña, peñon, peñasco, peñoleria, roca partida, laxa, cerro, sierra, serrania, cordillera, monte, montaña, montañuela, cadena de montes, los altos, malpais, reventazon, bufa etc.

Gesteins offenbaren. Da Stämme spanischer Abkunft den Abhang der Andeskette, den gebirgigen Theil der canarischen Inseln, der Antillen und Philippinen bewohnen, und die Bodengestaltung dort in einem größeren Maaßstabe als irgendwo auf der Erde (den Himalaya und das tübetanische Hochland etwa abgerechnet) die Lebensart der Bewohner bedingt; so hat die Formbezeichnung der Berge in der Trachyt-, Basalt- und Porphyr-Region, wie im Schiefer-, Kalk- und Sandstein-Gebirge in täglichem Gebrauche sich glücklich erhalten. In den gemeinsamen Schatz der Sprache geht dann auch das Neugeformte über. Der Menschen Rede wird durch alles belebt, was auf Naturwahrheit hindeutet: sei es in der Schilderung der von der Außenwelt empfangenen sinnlichen Eindrücke, oder des tief bewegten Gedanken und innerer Gefühle.

Das unablässige Streben nach dieser Wahrheit ist im Auffassen der Erscheinungen wie in der Wahl des bezeichnenden Ausdruckes der Zweck aller Naturbeschreibung. Es wird derselbe am leichtesten erreicht durch Einfachheit der Erzählung von dem Selbstbeobachteten, dem Selbsterlebten, durch die beschränkende Individualisirung der Lage, an welche sich die Erzählung knüpft. Verallgemeinerung physischer Ansichten, Aufzählung der Resultate gehört in die Lehre vom Kosmos, die freilich noch immer für uns eine inductive Wissenschaft ist; aber die lebendige Schilderung der Organismen (der Thiere und der Pflanzen) in ihrem landschaftlichen, örtlichen Verhältniß zur vielgestalteten Erdoberfläche (als ein kleines Stück des gesammten Erdenlebens) bietet das Material zu jener Lehre dar. Sie wirkt anregend auf das Gemüth da, wo sie einer ästhetischen Behandlung großer Naturerscheinungen fähig ist.

Zu diesen letzteren gehört vorzugsweise die unermeßliche Waldgegend, welche in der heißen Zone von Südamerika die mit einander verbundenen Stromgebiete des Orinoco und des Amazonenflusses füllt. Es verdient diese Gegend im strengsten Sinne des Worts den Namen Urwald, mit dem in neueren Zeiten so viel Mißbrauch getrieben wird. Urwald, Urzeit und Urvolk sind ziemlich unbestimmte Begriffe, meist nur relativen Gehalts. Soll jede wilde Forst, voll dichten Baumwuchses, an den der Mensch nicht die zerstörende Hand gelegt, ein Urwald heißen; so ist die Erscheinung vielen Theilen der gemäßigten und kalten Zone eigen. Liegt aber der Charakter in der Undurchdringlichkeit, in der Unmöglichkeit sich in langen Strecken zwischen Bäumen von 8 bis 12 Fuß Durchmesser durch die Art einen Weg zu bahnen, so gehört der Urwald ausschließlich der Tropen-Gegend an. Auch sind es keinesweges immer die strickförmigen, rankenden, kletternden Schlingpflanzen (Lianen), welche, wie man in Europa fabelt, die Undurchdringlichkeit verursachen. Die Lianen bilden oft nur eine sehr kleine Masse des Unterholzes. Das Haupthinderniß sind die, allen Zwischenraum füllenden, strauchartigen Gewächse: in einer Zone, wo alles, was den Boden bedeckt, holzartig wird. Wenn Reisende, kaum in einer Tropen-Gegend gelandet, und dazu noch auf Inseln, schon, in der Nähe der Küste, glauben in Urwälder eingedrungen zu sein; so liegt die Täuschung wohl nur in der Sehnsucht nach Erfüllung eines lange gehegten Wunsches. Nicht jeder Tropenwald ist ein Urwald. Ich habe mich des letzteren Wortes in meinem Reisewerke fast nie bedient: und doch glaube ich unter allen jetzt lebenden Naturforschern mit Bonpland, Martius, Pöppig, Robert und Richard Schomburgk im Innersten eines großen Continents am längsten in Urwäldern gelebt zu haben.

Trotz des auffallenden Reichthums der spanischen Sprache an naturbeschreibenden Bezeichnungen, dessen ich oben erwähnte, wird ein und dasselbe Wort, monte, zugleich für Berg und Wald, für cerro (montaña) und selva gebraucht. In einer Arbeit über die wahre Breite und die größte Ausdehnung der Andeskette gegen Osten habe ich gezeigt, wie jene zwiefache Bedeutung des Wortes monte die Veranlassung gewesen ist, daß eine schöne und weit verbreitete englische Carte von Südamerika Ebenen mit hohen Bergreihen bedeckt hat. Wo die spanische Carte von La Cruz Olmedilla, die so vielen anderen zum Grunde gelegt worden ist, C a c a o - W a l d, montes de Cacao[3] angegeben hatte, sind Cordilleren entstanden: obgleich der Cacao-Baum nur die heißeste Niederung sucht.

Wenn man die Waldgegend, welche ganz Südamerika zwischen den Grassteppen von Venezuela (los Llanos de Caracas) und den Pampas von Buenos Aires, zwischen 8° nördlicher und 19° südlicher Breite einnimmt, mit einem

3 Vergl. über die Hügelreihe, aus der man die hohen Andes de Cuchao gebildet hat, meine Rel. hist. T. III. p. 238.

Blicke umfaßt; so erkennt man, daß dieser zusammenhangenden Hylaea der Tropen-Zone keine andere an Ausdehnung dem Erdboden gleichkommt. Sie hat ohngefähr 12mal den Flächeninhalt von Deutschland. Nach allen Richtungen von Strömen durchschnitten, deren Bei- und Zuflüsse erster und zweiter Ordnung unsere Donau und unseren Rhein an Wasserreichthum bisweilen übertreffen, verdankt sie die wundersame Ueppigkeit ihres Baumwuchses der zwiefach wohlthätigen Einwirkung großer Feuchtigkeit und Wärme. In der gemäßigten Zone, besonders in Europa und dem nördlichen Asien, kann man die Wälder nach Baumgattungen benennen, die als gesellige Pflanzen (plantae sociales) zusammen wachsen und die einzelnen Wälder bilden. In den nördlichen Eichen-, Tannen- und Birken-, in den östlichen Linden-Waldungen herrscht gewöhnlich nur Eine Species der Amentaceen, der Coniferen oder der Tiliaceen; bisweilen ist eine Art der Nadelhölzer mit Laubholz gemengt. Eine solche Einförmigkeit in der Zusammengesellung ist den Tropen-Waldungen fremd. Die übergroße Mannigfaltigkeit der blüthenreichen Waldflora verbietet die Frage: woraus die Urwälder bestehen? Eine Unzahl von Familien drängt sich hier zusammen; selbst in kleinen Räumen gesellt sich kaum gleiches zu gleichem. Mit jedem Tage, bei jedem Wechsel des Aufenthalts bieten sich dem Reisenden neue Gestaltungen dar; oft Blüthen, die er nicht erreichen kann, wenn schon Blattform und Verzweigung seine Aufmerksamkeit anziehen.

Die Flüsse mit ihren zahllosen Seiten-Armen sind die einzigen Wege des Landes. Astronomische Beobachtungen oder, wo diese fehlen, Compaß-Bestimmungen der Flußkrümmung haben zwischen dem Orinoco, dem Cassiquiare und dem Rio Negro mehrfach gezeigt, wie in der Nähe einiger wenigen Meilen zwei einsame Missionsdörfer liegen, deren Mönche anderthalb Tage brauchen, um in den aus einem Baumstamm gezimmerten Canoen, den Windungen kleiner Bäche folgend, sich gegenseitig zu besuchen. Den auffallendsten Beweis von der Undurchdringlichkeit einzelner Theile des Waldes giebt aber ein Zug aus der Lebensweise des großen amerikanischen Tigers oder pantherartigen Jaguars. Während durch Einführung des europäischen Rindviehes, der Pferde und Maulesel die reißenden Thiere in den Llanos und Pampas, in den weiten baumlosen Grasfluren von Varinas, dem Meta und Buenos Aires, reichliche Nahrung finden und sich seit der

Entdeckung von Amerika dort, im ungleichen Kampfe mit den Viehheerden, ansehnlich vermehrt haben; führen andere Individuen derselben Gattung in dem Dickicht der Wälder, den Quellen des Orinoco nahe, ein mühevolles Leben. Der schmerzhafte Verlust eines großen Hundes vom Doggengeschlechte (unseres treuesten und freundlichsten Reisegefährten), in einem Bivouac nahe bei der Einmündung des Cassiquiare in den Orinoco, hatte uns bewogen, ungewiß, ob er vom Tiger zerrissen sei, aus dem Insectenschwarm der Mission Esmeralda zurückkehrend, abermals eine Nacht an demselben Orte zuzubringen, wo wir den Hund so lange vergebens gesucht. Wir hörten wieder in großer Nähe das Geschrei der Jaguars: wahrscheinlich derselben, denen wir die Unthat zuschreiben konnten. Da der bewölkte Himmel alle Sternbeobachtungen hinderte, so ließen wir uns durch den Dolmetscher (lenguaraz) wiederholen, was die Eingebornen, unsre Ruderer, von den Tigern der Gegend erzählten.

Es findet sich unter diesen nicht selten der sogenannte schwarze Jaguar, die größte und blutgierigste Abart, mit schwarzen, kaum sichtbaren Flecken auf tief dunkelbraunem Felle. Sie lebt am Fuß der Gebirge Maraguacá und Unturan. »Die Jaguars«, erzählte ein Indianer aus dem Stamm der Durimunder, »verirren sich aus Wanderungslust und Raubgier in so undurchdringliche Theile der Waldung, daß sie auf dem Boden nicht jagen können und, ein Schreckniß der Affen-Familien und der Viverre mit dem Rollschwanze (Cercoleptes), lange auf den Bäumen leben.«

Die deutschen Tagebücher, welchen ich dies entnehme, sind in der französisch von mir publicirten Reisebeschreibung nicht ganz erschöpft worden. Sie enthalten eine umständliche Schilderung des nächtlichen Thierlebens, ich könnte sagen der nächtlichen Thierstimmen, im Walde der Tropenländer. Ich halte diese Schilderung für vorzugsweise geeignet, einem Buche anzugehören, das den Titel: Ansichten der Natur führt. Was in Gegenwart der Erscheinung, oder bald nach den empfangenen Eindrücken niedergeschrieben ist, kann wenigstens auf mehr Lebensfrische Anspruch machen als der Nachklang später Erinnerung.

Durch den Rio Apure, dessen Ueberschwemmungen ich in dem Aufsatz über die Wüsten und Steppen gedacht, gelangten wir, von Westen gegen Osten schiffend, in das Bette des Orinoco. Es war die Zeit des niedrigen

Wasserstandes. Der Apure hatte kaum 1200 Fuß mittlerer Breite, während ich die des Orinoco bei seinem Zusammenfluß mit dem Apure (unfern dem Granitfelsen Curiquima, wo ich eine Standlinie messen konnte) noch über 11430 Fuß fand. Doch ist dieser Punkt, der Fels Curiquima, in gerader Linie noch hundert geographische Meilen vom Meere und von dem Delta des Orinoco entfernt. Ein Theil der Ebenen, die der Apure und der Payara durchströmen, ist von Stämmen der Yaruros und Achaguas bewohnt. In den Missionsdörfern der Mönche werden sie Wilde genannt, weil sie unabhängig leben wollen. In dem Grad ihrer sittlichen Roheit stehen sie aber sehr gleich mit denen, die, getauft, »unter der Glocke (baxo la campana)« leben und doch jedem Unterrichte, jeder Belehrung fremd bleiben.

Von der Insel del Diamante an, auf welcher die spanisch sprechenden Zambos Zuckerrohr bauen, tritt man in eine große und wilde Natur. Die Luft war von zahllosen Flamingos (Phoenicopterus) und anderen Wasservögeln erfüllt, die, wie ein dunkles, in seinen Umrissen stets wechselndes Gewölk, sich von dem blauen Himmelsgewölbe abhoben. Das Flußbette verengte sich bis zu 900 Fuß Breite, und bildete in vollkommen gerader Richtung einen Canal, der auf beiden Seiten von dichter Waldung umgeben ist. Der Rand des Waldes bietet einen ungewohnten Anblick dar. Vor der fast undurchdringlichen Wand riesenartiger Stämme von Caesalpinia, Cedrela und Desmanthus erhebt sich auf dem sandigen Flußufer selbst, mit großer Regelmäßigkeit, eine niedrige Hecke von Sauso. Sie ist nur 4 Fuß hoch, und besteht aus einem kleinen Strauche, Hermesia castaneifolia, welcher ein neues Geschlecht[4] aus der Familie der Euphorbiaceen bildet. Einige schlanke dornige Palmen, Piritu und Corozo von den Spaniern genannt (vielleicht Martinezia- oder Bactris-Arten), stehen der Hecke am nächsten. Das Ganze gleicht einer beschnittenen Gartenhecke, die nur in großen Entfernungen von einander thorartige Oeffnungen zeigt. Die großen vierfüßigen Thiere des Waldes haben unstreitig diese Oeffnungen selbst gemacht, um bequem an den Strom zu gelangen. Aus ihnen sieht man, vorzüglich am frühen Morgen und bei Sonnenuntergang, heraustreten, um ihre Jungen zu tränken,

4 Das Genus Hermesia, der Sauso, ist von Bonpland beschrieben und abgebildet worden in unseren Plantes équinoxiales T. I. p. 162, tab. XLVI.

den amerikanischen Tiger, den Tapir und das Nabelschwein (Pecari, Dicotyles). Wenn sie, durch ein vorüberfahrendes Canot der Indianer beunruhigt, sich in den Wald zurückziehen wollen, so suchen sie nicht die Hecke des Sauso mit Ungestüm zu durchbrechen, sondern man hat die Freude die wilden Thiere vier- bis fünfhundert Schritt langsam zwischen der Hecke und dem Fluß fortschreiten und in der nächsten Oeffnung verschwinden zu sehen. Während wir 74 Tage lang auf einer wenig unterbrochenen Flußschifffahrt von 380 geographischen Meilen auf dem Orinoco, bis seinen Quellen nahe, auf dem Cassiquiare und dem Rio Negro in ein enges Canot eingesperrt waren, hat sich uns an vielen Punkten dasselbe Schauspiel wiederholt; ich darf hinzusetzen: immer mit neuem Reize. Es erscheinen, um zu trinken, sich zu baden oder zu fischen, gruppenweise Geschöpfe der verschiedensten Thierclassen: mit den großen Mammalien vielfarbige Reiher, Palamedeen und die stolz einherschreitenden Hokkohühner (Crax Alector, C. Pauxi). »Hier geht es zu wie im Paradiese, es como en el Paraiso«: sagte mit frommer Miene unser Steuermann, ein alter Indianer, der in dem Hause eines Geistlichen erzogen war. Aber der süße Friede goldener Urzeit herrscht nicht in dem Paradiese der amerikanischen Thierwelt. Die Geschöpfe sondern, beobachten und meiden sich. Die Capybara, das 3 bis 4 Fuß lange Wasserschwein, eine colossale Wiederholung des gewöhnlichen brasilianischen Meerschweinchens (Cavia Aguti), wird im Flusse vom Crocodil, auf der Trockne vom Tiger gefressen. Es läuft dazu so schlecht, daß wir mehrmals einzelne aus der zahlreichen Heerde haben einholen und erhaschen können.

Unterhalb der Mission von Santa Barbara de Arichuna brachten wir die Nacht wie gewöhnlich unter freiem Himmel, auf einer Sandfläche am Ufer des Apure zu. Sie war von dem nahen, undurchdringlichen Walde begrenzt. Wir hatten Mühe dürres Holz zu finden, um die Feuer anzuzünden, mit denen nach der Landessitte jedes Bivouac wegen der Angriffe des Jaguars umgeben wird. Die Nacht war von milder Feuchte und mondhell. Mehrere Crocodile näherten sich dem Ufer. Ich glaube bemerkt zu haben, dass der Anblick des Feuers sie eben so anlockt wie unsre Krebse und manche andere Wasserthiere. Die Ruder unserer Nachen wurden sorgfältig in den Boden gesenkt, um unsere Hangematten daran zu befestigen. Es herrschte tiefe

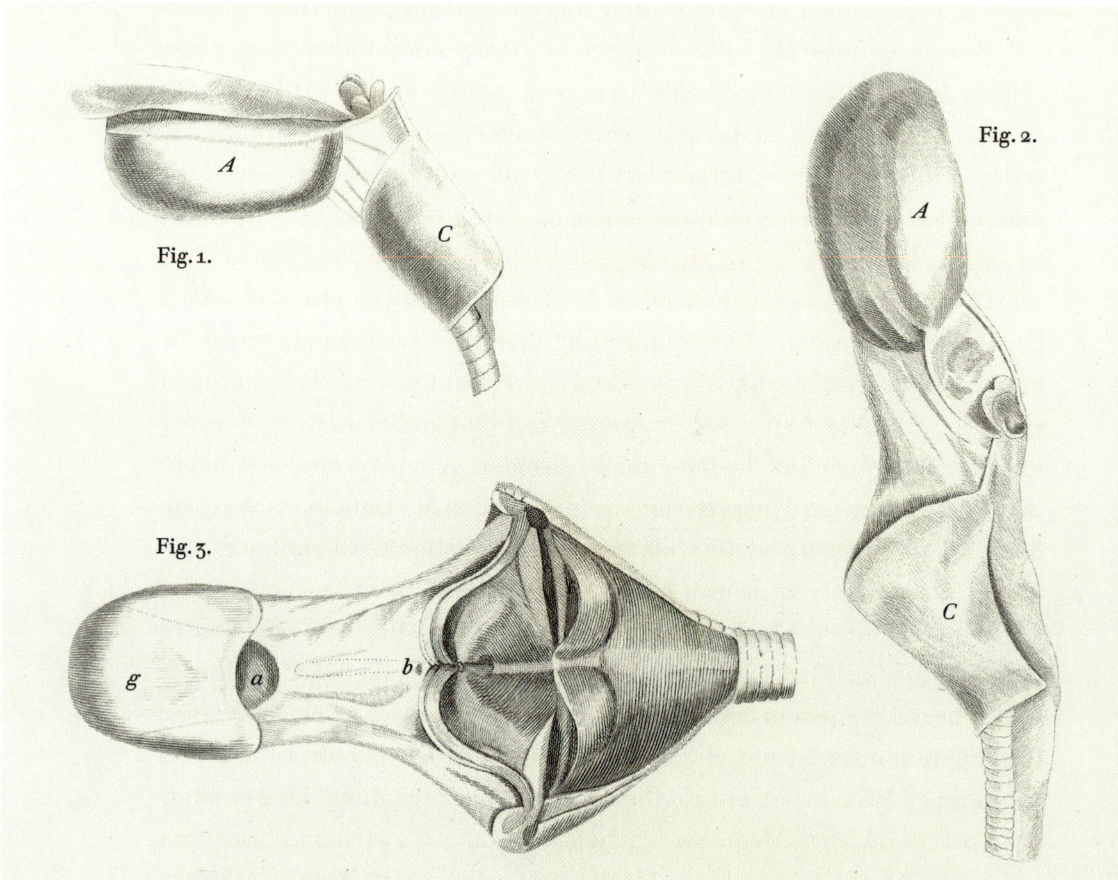

Larynx und Zungenbein des *Simia seniculus.*

Fig. 1. Der Larynx, die Zunge, und der knöcherne Stimmkasten, in ihrer natürlichen Lage.
2. Dieselben, aber mit abgeschnittener Zunge.
3. Der offene Larynx; *a*, Öffnung des Stimmkastens; *f*, innere Säcke; *e*, Eingang der Pyramidal-Taschen; *b*, Eingang zum mittlern Sacke; *g*, der knöcherne Stimmkasten.

Ruhe; man hörte nur bisweilen das Schnarchen der Süßwasser-Delphine[5], welche dem Flußnetze des Orinoco wie (nach Colebrooke) dem Ganges bis Benares hin eigenthümlich sind und in langen Zügen auf einander folgten.

Nach 11 Uhr entstand ein solcher Lärmen im nahen Walde, daß man die übrige Nacht hindurch auf jeden Schlaf verzichten mußte. Wildes Thiergeschrei durchtobte die Forst. Unter den vielen Stimmen, die gleichzeitig ertönten, konnten die Indianer nur die erkennen, welche nach kurzer Pause einzeln gehört wurden. Es waren das einförmig jammernde Geheul der Aluaten (Brüllaffen), der winselnde, fein flötende Ton der kleinen Sapajous, das schnarrende Murren des gestreiften Nachtaffen[6] (Nyctipithecus trivirgatus, den ich zuerst beschrieben habe), das abgesetzte Geschrei des großen Tigers, des Cuguars oder ungemähnten amerikanischen Löwen, des Pecari, des Faulthiers, und einer Schaar von Papageien, Parraquas (Ortaliden) und anderer fasanenartigen Vögel. Wenn die Tiger dem Rande des Waldes nahe kamen, suchte unser Hund, der vorher ununterbrochen bellte, heulend Schutz unter den Hangematten. Bisweilen kam das Geschrei des Tigers von der Höhe eines Baumes herab. Es war dann stets von den klagenden Pfeifentönen der Affen begleitet, die der ungewohnten Nachstellung zu entgehen suchten.

Fragt man die Indianer, warum in gewissen Nächten ein so anhaltender Lärmen entsteht, so antworten sie lächelnd: »die Thiere freuen sich der schönen Mondhelle, sie feiern den Vollmond«. Mir schien die Scene ein zufällig entstandener, lang fortgesetzter, sich steigernd entwickelnder Thierkampf. Der Jaguar verfolgt die Nabelschweine und Tapirs, die dicht

---

5 Es sind nicht Delphine des Meeres, die, wie einige Pleuronectes-Arten (Schollen, welche beide Augen stets auf Einer Seite des Leibes haben), hoch in die Flüsse hinaufsteigen, z. B. die Limande (Pleuronectes Limanda) bis Orleans. In den großen Flüssen beider Continente wiederholen sich einige Formen des Meeres: so Delphine und Rochen (Raya). Der Süßwasser-Delphin des Apure und Orinoco ist specifisch von dem Delphinus gangeticus, wie von allen Meer-Delphinen, verschieden. Vergl. meine Relation historique T. II. p. 223, 239, 406–413.

6 Es ist der Duruculi oder Cusi-cusi des Cassiquiare, den ich als Simia trivirgata beschrieben in meinem Recueil d'Observations de Zoologie et d'Anatomie comparée T. I. p. 306–311, tab. XXVIII, nach einer von mir selbst nach dem Leben gemachten Zeichnung. Wir haben diesen Nachtaffen später lebendig in der Menagerie des Jardin des Plantes zu Paris gehabt (s. a. a. O. T. II. p. 340). Spix fand das merkwürdige Thierchen auch am Amazonenflusse, und nannte es Nyctipithecus vociferans.

an einander gedrängt das baumartige Strauchwerk durchbrechen, welches ihre Flucht behindert. Davon erschreckt, mischen von dem Gipfel der Bäume herab die Affen ihr Geschrei in das der größeren Thiere. Sie erwecken die gesellig horstenden Vogelgeschlechter, und so kommt allmählich die ganze Thierwelt in Aufregung. Eine längere Erfahrung hat uns gelehrt, daß es keinesweges immer »die gefeierte Mondhelle« ist, welche die Ruhe der Wälder stört. Die Stimmen waren am lautesten bei heftigem Regengusse, oder wenn bei krachendem Donner der Blitz das Innere des Waldes erleuchtet. Der gutmüthige, viele Monate schon fieberkranke Franciscaner-Mönch, der uns durch die Cataracten von Atures und Maypures nach San Carlos des Rio Negro, bis an die brasilianische Grenze, begleitete, pflegte zu sagen, wenn bei einbrechender Nacht er ein Gewitter fürchtete: »möge der Himmel, wie uns selbst, so auch den wilden Bestien des Waldes eine ruhige Nacht gewähren!«

Mit den Naturscenen, die ich hier schildere und die sich oft für uns wiederholten, contrastirt wundersam die Stille, welche unter den Tropen an einem ungewöhnlich heißen Tage in der Mittagsstunde herrscht. Ich entlehne demselben Tagebuche eine Erinnerung an die Flußenge des Baraguan. Hier bahnt sich der Orinoco einen Weg durch den westlichen Theil des Gebirges Parime. Was man an diesem merkwürdigen Paß eine Flußenge (Angostura del Baraguan) nennt, ist ein Wasserbecken von noch 890 Toisen (5340 Fuß) Breite. Außer einem alten dürren Stamme der Aubletia (Apeiba Tiburbu) und einer neuen Apocinee, Allamanda salicifolia, waren an dem nackten Felsen kaum einige silberglänzende Croton-Sträucher zu finden. Ein Thermometer, im Schatten beobachtet, aber bis auf einige Zolle der Granitmasse thurmartiger Felsen genähert, stieg auf mehr als 40° Réaumur. Alle ferne Gegenstände hatten wellenförmig wogende Umrisse, eine Folge der Spiegelung oder optischen Kimmung (mirage). Kein Lüftchen bewegte den staubartigen Sand des Bodens. Die Sonne stand im Zenith; und die Lichtmasse, die sie auf den Strom ergoß und die von diesem, wegen einer schwachen Wellenbewegung funkelnd, zurückstrahlt, machte bemerkbarer noch die nebelartige Röthe, welche die Ferne umhüllte. Alle Felsblöcke und nackten Steingerölle waren mit einer Unzahl von großen, dickschuppigen Iguanen, Gecko-Eidechsen und buntgefleckten Salamandern bedeckt. Unbeweglich, den Kopf erhebend,

Simia trivirgata.

Simia ursina.

Simia melanocephala.

Simia satanas.

den Mund weit geöffnet, scheinen sie mit Wonne die heiße Luft einzuathmen. Die größeren Thiere verbergen sich dann in das Dickicht der Wälder, die Vögel unter das Laub der Bäume oder in die Klüfte der Felsen; aber lauscht man bei dieser scheinbaren Stille der Natur auf die schwächsten Töne, die uns zukommen, so vernimmt man ein dumpfes Geräusch, ein Schwirren und Sumsen der Insecten, dem Boden nahe und in den unteren Schichten des Luftkreises. Alles verkündigt eine Welt thätiger, organischer Kräfte. In jedem Strauche, in der gespaltenen Rinde des Baumes, in der von Hymenoptern bewohnten, aufgelockerten Erde regt sich hörbar das Leben. Es ist wie eine der vielen Stimmen der Natur, vernehmbar dem frommen, empfänglichen Gemüthe des Menschen.

In den Höhlen

Nachtvögel

Der *Guacharo* hat die Größe unsrer Hühner, den Rachen der Nachtschwalbe (des Ziegenmelkers), den Wuchs der Geyer, deren krummer Schnabel von steifen Seidepinseln umgeben ist. Wenn wir mit Hrn. *Cuvier* die Ordnung der Spechte (*Pici*) eingehen lassen, so muß dieser außerordentliche Vogel in's Geschlecht der Sperlinge (Passeres) gebracht werden, deren Gattungen durch beynahe unmerkliche Uebergänge mit einander verbunden sind. Ich habe ihn unter dem Namen *Steatornis* in einer besonderen Monographie beschrieben, die im zweyten Band meiner *Observations de Zoologie et d'Anatomie comparée* enthalten ist: er macht eine neue vom *Caprimulgus* verschiedene Gattung[1] aus, die sich durch den Umfang der Stimme sowol, als durch den außerordentlich starken mit einem Doppelzahn versehenen Schnabel, und durch Füße, die zwischen den Vorderzehen keine Verbindungshäute haben, unterscheidet. Er liefert das erste Beyspiel eines Nachtvogels unter den Zahnschnäblern der Singvögel (passereaux dentirostres). Durch seine Lebensart ist er sowol den Nachtschwalben als den Alpendohlen[2] verwandt. Das Gefieder des Guacharo ist von dunkler blau-grauer Farbe, mit kleinen schwarzen Streifen und Punkten vermengt. Große weisse, herzförmige, schwarzgeränderte Flecken kommen am Kopf, auf den Flügeln und am Schwanze vor. Die Augen des Vogels können das Tageslicht nicht vertragen; sie sind blau und kleiner, als die des Ziegenmelkers oder der Nachtschwalbe. Die Weite der ausgebreiteten Flügel, die aus 17 bis 18 Ruderfedern (*remiges*) bestehen, beträgt vierthalb Fuß. Der Guacharo verläßt seine Höhle bey Anbruch der Nacht, vorzüglich zur Zeit des Mondscheins. Er ist fast der einzige, bis dahin bekannt gewordne, Nachtvogel, der sich von Körnern nährt; die Bildung seiner Füße thut sattsam dar, daß er nicht, gleich unsren Eulen, Jäger ist. Er nährt sich mit sehr harten Kernfrüchten,

1 Seine wesentlichen Unterscheidungszeichen sind: Rostrum validum, lateribus compressum, apice aduncum, mandibula superiori subbidentata, dente anteriori acutiori. Rictus amplissimus. Pedes breves, digitis fissis, unguibus integerrimis.

2 Corvus Pyrrhocorax.

gleich dem Nußheher[3] und dem Pyrrhocorax. Der letztere nistet gleichfalls in Felsspalten, und ist unter dem Namen *Nachtrabe* bekannt. Die Indianer versichern, der Guacharo verzehre weder Käfer noch Phalenen, mit denen sich hingegen die Nachtschwalbe nährt. Man darf nur die Schnäbel des Guacharo und der Nachtschwalbe miteinander vergleichen, um sich zu überzeugen, daß ihre Lebensart allerdings sehr verschieden seyn muß.

Es hält schwer, sich eine richtige Vorstellung von dem furchtbaren Lerm zu machen, welchen viele Tausende dieser Vögel in dem finstern Theil der Höhle verursachen. Er läßt sich nur mit dem Gelerm unsrer Krähen vergleichen, die in den nordischen Tannenwäldern in Gesellschaft leben, und ihre Nester auf Bäume bauen, deren Gipfel sich einander berühren. Die scharfe und durchdringende Stimme der Guacharos wird in den Wölbungen der Felshöhle zurückgeworfen, und das Echo wiederhallt im Grunde der Grotte. Die Indianer banden Fackeln an das Ende einer langen Stange, um uns die Nester dieser Vögel zu zeigen. Sie befanden sich fünfzig bis sechszig Fuß über unsern Häuptern in trichterförmigen Löchern, welche in Menge an der Decke der Grotte befindlich waren. Das Geräusch wird stärker, so wie man tiefer hineinkommt, und die Vögel vor dem Licht scheu werden, das die Copalfackeln verbreiten. Ward es etliche Minuten um uns her stille, dann liessen sich die entfernteren Klagetöne der in den Seitengängen der Grotte nistenden Vögel hören. Es war, als ob ihre Schwärme sich einander wechselnd antworteten.

Die Indianer begeben sich jährlich einmal, um das St. Johannesfest, mit Stangen bewaffnet in die Grotte, um den größten Theil der Nester zu zerstören. Es werden alsdann viele tausend Vögel getödtet, und die Alten, gleichsam um ihre Brut zu beschützen, schweben, unter fürchterlichem Geschrey, über den Häuptern der Indianer. Die Jungen[4], welche zu Boden fallen, werden sogleich ausgeweidet. Ihr Bauchfell ist reich mit Fett be-

3 Corvus caryocatactes, C. glandarius. Der Choucas oder die Alpenkrähe nistet nahe am Gipfel des Libanos in unterirdischen Höhlen, ungefähr wie der Guachara, dem er auch in seiner durchdringend scharfen Stimme gleicht. (Labillardiere, in den *Annales du Mus.*, T. 18. p. 455.)

4 Los pollos del Guacharo.

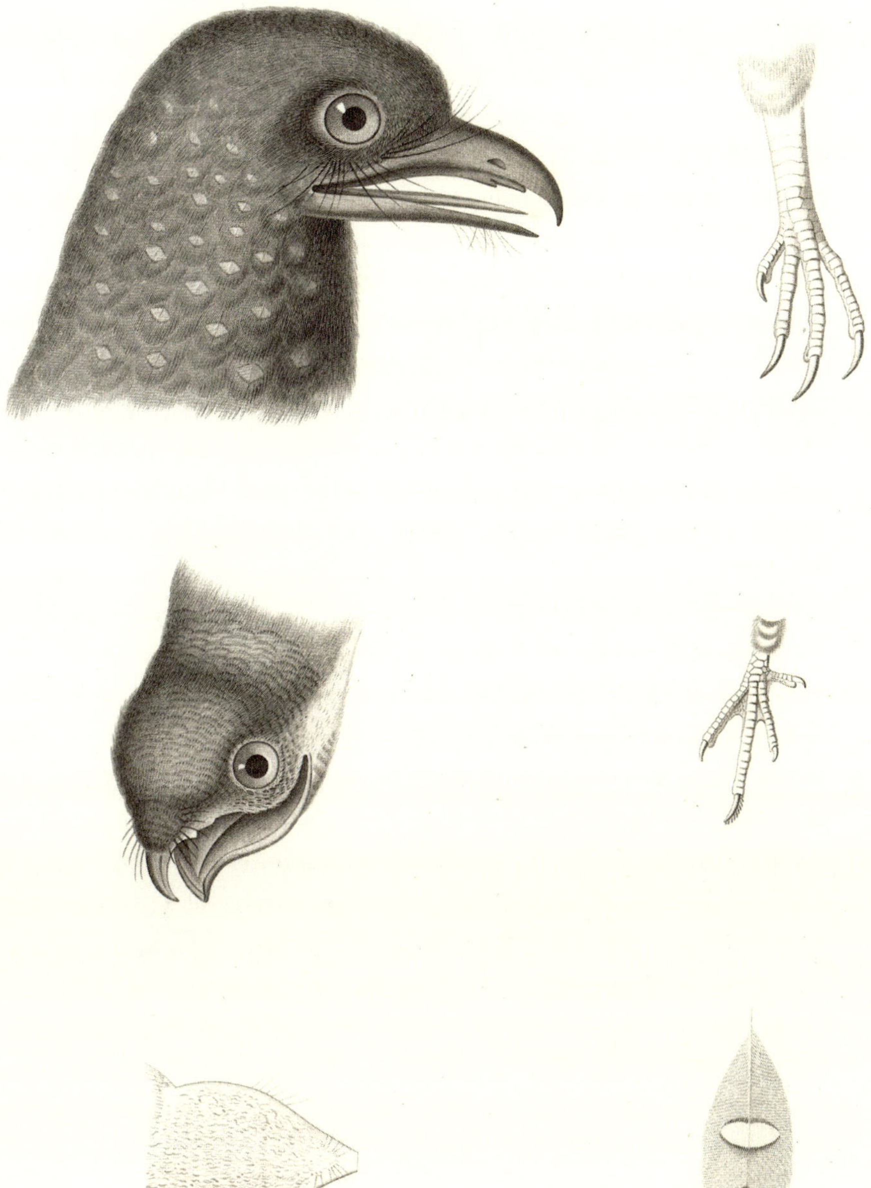

Steatornis caripensis.

laden, und eine Schichte von Fett verlängert sich vom Unterleib bis zur Oeffnung des Hintern, und bildet eine Art Knäuel zwischen den Schenkeln des Vogels. Dieser Ueberfluß von Fett bey pflanzenfressenden Thieren, die im Finstern leben und sich nur wenig Bewegung geben, erinnert an längst gemachte Beobachtungen über die Mästung von Gänsen und Ochsen. Man weiß, wie sehr dieses Geschäft durch Finsterniß und Ruhe befördert wird. Die europäischen Nachtvögel sind mager, weil, statt sich mit Früchten zu nähren, wie der Guacharo, sie vom spärlichen Ertrag ihrer Jagd leben. In der Jahrszeit, welche vom Volke in Caripe die *Einsammlung des Oehles*[5] genannt wird, bauen sich die Indianer aus Palmenblättern Hütten, theils nahe beym Eingang, theils im Vordertheil der Höhle. Wir sahen noch einige Ueberreste derselben. Hier wird bey einem mit Buschwerk unterhaltenen Feuer das Fett der jungen eben erst getödteten Vögel geschmelzt und in thönernen Gefässen gesammelt. Es ist dasselbe unter dem Namen der Butter oder des Oehls (manteca oder aceite) vom Guacharo bekannt, halbflüssig, durchsichtig und geruchlos. Seine Reinheit ist so groß, daß es über ein Jahr aufbewahrt wird, ohne ranzigt zu werden. Im Kloster von Caripe ward in der Küche der Mönche kein anderes Oehl gebraucht als das der Grotte, und nie haben wir einen daher rührenden widrigen Geschmack oder Geruch an den Speisen wahrgenommen.

Die Menge des eingesammelten Oehls steht in keinem Verhältniß zu der Metzeley, welche die Indianer jährlich in der Grotte anrichten. Es scheint, daß nicht über 150 bis 160 Flaschen[6] vollkommen reinen *Manteca's* eingesammelt werden; der minder durchsichtige Ueberrest wird in großen irdenen Gefässen aufbewahrt. Es erinnert dieser Industriezweig der Eingebornen an die Einsammlung des Taubenöhls[7], wovon vormals in Carolina einige Tausend große Fässer bereitet wurden. Der Gebrauch des Guacharos-Oehl in Caripe ist sehr alt, und die Missionare haben nur seine Bereitungsart re-

5 La cosecha de la manteca.

6 Jede sechszig Kubikzoll haltend.

7 Dieß Taubenöhl kommt von der Columba Migratoria. (*Pennant's* Arctic Zoology, Tom. II., p. 13.).

gelmäßiger geordnet. Die Glieder einer indianischen Familie, welche Morocoymas heißt, behaupten, als Abstämmlinge der ersten Kolonisten des Thals, rechtmäßige Eigenthümer der Grotte zu seyn, und sie sprechen das Monopol des Fettes an. Die Mönchsanstalten haben glücklicher Weise diese Rechte in bloße Ehrenberechtigungen umgeschaffen. Dem Systeme der Missionare zufolge, müssen die Indianer das zum Unterhalt der Kirchenlampe erforderliche Oehl liefern; das Uebrige wird ihnen, wie man versichert, bezahlt. Wir wollen weder über die Rechtmäßigkeit der Ansprüche der Morocoymas, noch über den Ursprung der den Eingebornen von den Mönchen auferlegten Verpflichtung entscheiden. Es möchte natürlich scheinen, daß der Jagdertrag den Jägern gehöre: aber in den amerikanischen Wäldern, wie im Mittelpunkte der europäischen Kultur, wird das gemeine Recht häufig durch die Verhältnisse abgeändert, welche zwischen dem Starken und Schwachen, zwischen den Eroberern und den Eroberten Statt finden.

Das Geschlecht der Guacharos wäre längst vertilgt, wenn seine Erhaltung nicht durch verschiedene Umstände begünstigt würde. Abergläubische Begriffe halten die Eingebornen vom tiefern Eindringen in die Grotte gewöhnlich ab. Es scheint auch, daß benachbarte Höhlen, die ihrer Enge wegen dem Menschen unzugänglich sind, durch Vögel der nämlichen Art bewohnt werden. Vielleicht wird die große Höhle durch Kolonien aus den kleineren Grotten unterhalten und bevölkert; die Missionare bezeugten uns, es sey bis dahin keine spürbare Abnahme in der Zahl der Vögel bemerkt worden. Man hat junge Guacharos nach dem Hafen von Cumana versandt, wo sie einige Tage am Leben blieben, ohne irgend eine Nahrung zu sich zu nehmen, indem die Körner, die man ihnen vorlegte, ihnen nicht behagten. Bey Oeffnung des Kropfs und des Magens der jungen Vögel in der Grotte, finden die Landeseingebornen mancherley harte und trockne Kernfrüchte, die unter der seltsamen Benennung der Körner oder *Semilla del Guacharo* ein berühmtes Mittel gegen das Wechselfieber liefern. Die alten Vögel tragen ihren Jungen diese Körner zu, die man sorgfältig sammelt, um sie den Kranken in Cariaco und in den übrigen tiefgelegenen fieberhaften Orten zukommen zu lassen.

Die Höhle der Nachtvögel

Die Höhle, welche die Eingebornen eine Fettmine nennen, befindet sich nicht im Thale von Caripe selbst, sondern in drei Meilen Entfernung vom Kloster, west-süd-westlich. Sie öffnet sich in ein Seitenthal, das nach der *Sierra del Guacharo* auslauft. Am 18. Herbstmonat machten wir uns auf den Weg nach der Sierra. Ein schmaler Fußpfad führte anfangs anderthalb Stunden in südlicher Richtung durch eine liebliche, mit schönem Rasen bekleidete Ebene; nachher lenkten wir westlich ein längs eines Baches, welcher aus der Oeffnung der Höhle hervor kommt. Während ¾ Stunden des Emporsteigens ungefähr, folgt man, bald im untiefen Wasser, bald zwischen dem Waldstrome und einer Felswand, einem sehr schlüpferigen und kothigen Pfade. Das Einsinken des Erdreichs, die vereinzelten Baumstämme, über welche die Maulthiere wegzuschreiten Mühe haben, die Ranken-Pflanzen von denen der Boden überdeckt ist, machen diesen Theil des Weges sehr ermüdend. Wo man sich am Fuße des hohen Guacharo-Berges, nur noch 400 Schritte von der Höhle entfernt befindet, erblickt man jedoch ihre Oeffnung noch nicht. Der Waldstrom fließt in einer vom Gewässer ausgehöhlten Schlucht, und der Pfad führt unter einem Felsgesims hin, dessen vorstehender Theil die Aussicht in die Höhe raubt. Wie der Bach, so schlängelt sich auch der Fußsteig; bei der lezten Krümmung steht man plözlich vor dem sehr geräumigen Eingange der Grotte. Dieser Anblick hat etwas Erhabenes, selbst für den, welcher an die mahlerischen Bilder der Hochalpen gewöhnt ist. Ich war damals mit den Berghöhlen des Pic von Derbyshire bekannt, wo man, in einem Boote liegend, unter der zwei Fuß hohen Wölbung über einen unterirdischen Fluß sezt. Ich hatte die schöne Grotte von Treshemienshiz in den Karpathen, und die Berghöhlen auf dem Harze besucht, auch die Höhlen in Franken, diese weiten Grabstätten[1] für Knochengerippe von Tiegern, Hyänen und Bären, die an Größe unsern Pferden gleichen. Die Natur befolgt unter allen Zonen unwandelbare Gesezze, in Anordnung der Felsschichten, in der äußern Gestaltung der Berge, und selbst auch in den stürmischen Aenderungen, die der Rinde unsers Planeten zu Theil wurden. Eine so allgemeine Uebereinstimmung ließ vermuthen, es werde das Aussehen der Höhle von Caripe nur wenig von dem verschieden seyn, was ich auf meinen früheren Reisen zu sehen den Anlaß hatte: ich fand meine Erwartung weit übertroffen. Wenn einerseits die Gestaltung der Grotten, der Glanz der Stalaktiten, und alle Erscheinungen der unorganischen Natur auffallende Aehnlichkeit darbieten, so ertheilt andererseits der majestätische Pflanzenwuchs der Tropenländer, dem Eingange der Höhle einen eigenthümlichen Charakter. Die *Cueva del Guacharo* öffnet sich im senkrechten Durchschnitte eines Felsens. Der Eingang steht südwärts; ihr Gewölbe ist 80 Fuß breit, auf 72 Fuß Höhe[2]. Wir maßen den Weg vermittelst eines Seils, und hatten 430 Fuß zurück gelegt, ehe Fackeln anzuzünden erforderlich waren.[3] Hier, wo das Licht zu erlöschen anfängt, hört man noch entfernt das widrige Geschrei der Nachtvögel, von denen die Eingebornen glauben, sie werden ausschließlich in diesen unterirdischen Wohnungen angetroffen. Wir folgten, im Fortgange der Höhle, den Ufern des kleinen Flusses, der in ihr entspringt; seine Breite beträgt 28 bis 30 Fuß. Man wandert dem Ufer entlang, so weit die kalkigten Inkrustirungen es gestatten; öfters, wenn der Waldstrom zwischen hohen Stalaktiten-Massen sich durchschlingt, muß man in sein Bett hinabsteigen, das nur 2 Fuß Tiefe hat. Dieser unterirdische Fluß ist der Ursprung des Rio Caripe, welcher, in Entfernung etlicher Meilen, nachdem er sich mit dem kleinen *Rio de Santa Maria* vereinigt hat, für Piroguen schiffbar ist. Er ergießt sich unter dem Namen *Canno de Terezen* in den Strom von Areo[4]. Die Grotte von Caripe behält in der genau gemessenen Entfernung von 1458 Fuß, vom Eingange, noch ihre ursprüngliche Richtung, die nämliche Weite und die gleiche Höhe von 60 bis 70 Fuß. Mir ist auf beiden Festlanden keine Berghöhle von so einförmiger und regelmäßiger Bildung bekannt. — — Weiter gelangt man zu der Stelle, wo der Boden plözlich unter einem Winkel von 60° in die Höhe steigt, und wo der Waldstrom einen kleinen unterirdischen Wasserfall bildet.[5] An dieser Stelle bietet die der Grottenöffnung gegenüber liegende, reich bewachsene Landschaft, eine sehr mahlerische Ansicht. Man erblickt sie am Ausgange eines geradlinigten, 240 Toisen langen Kanals. Die vom Gewölbe herabhängenden und, in der Luft schwebenden Säulen gleichenden, Stalaktiten, stellen sich auf der grünen Fläche wundersam dar. Die Oeffnung der Grotte scheint um die Mitte des Tages sehr verengt, und wir sahen sie in jener hellen Beleuchtung, die das gleichzeitige Zurückwerfen des Lichts vom Himmel, von Pflanzen und Felsen hervor bringt. Die ferne Tageshelle stand in gewaltigem Abstiche mit der uns in diesen unterirdischen Räumen umzingelnden Finsterniß. Wir erstiegen mit einiger Mühe den kleinen Hügel, von welchem der unterirdische Bach herab fließt. Wir sahen die Grotte sich merklich verengern, indem sie nur noch 40 Fuß Höhe hat und sich nordwärts verlängert, ohne von ihrer ursprünglichen Richtung abzuweichen, die mit dem großen Thale von Caripe parallel lauft. In diesem Theile der Höhle sezt das Wasser des Flusses eine schwärzlichte Erde ab, derjenigen ähnlich, die man in der Höhle von Muggendorf in Franken, Opfererde der Grotte des *hohlen* Berges nennt. Wir konnten nicht entscheiden, ob diese feine und lockere Erdart durch Spalten, die mit der Oberfläche des Bodens zusammen hängen, herab fällt, oder ob sie von dem in die Höhle dringenden Regenwasser angeschlemmt wird. Es war eine Mischung von Kiesel-, Thon- und Dammerde. — —

Sind die großen Weitungen, welche man ausschließlich Höhlen nennt, durch die nämlichen Ursachen entstanden, welche die Drusen der Gänge und Erzlager, oder die außerordentliche Erscheinung der Porosität der Felsen hervor brachten? Gehören die Grotten allen Formazionen an, oder nur dem Zeitpunkte, wo organische Geschöpfe die Oberfläche des Erdballs zu bewohnen anfingen? — diese geologischen Fragen sind nur in so weit einer Beantwortung fähig, als sie den gegenwärtigen Zustand der Dinge, d. h. solche Thatsachen betreffen, die durch Beobachtung ausgemittelt werden können. Betrachtet man die Felsarten ihrer Zeitfolge nach, so zeigt es sich, daß in den Ur-Formazionen nur sehr wenige Höhlen vorkommen. Die großen Weitungen, welche man im ältesten Granite wahrnimmt, und die man Keller oder Gewölbe nennt, wenn ihre Wände mit Bergkrystallen besezt sind, entstehen meist aus der Vereinigung mehrerer gleichzeitiger Trümmer von Quarz, Feldspath oder kleinkörnigem Granit. Der Gneiß bietet, obwohl seltener, die nämliche Erscheinung, und in der Nähe von Wunsiedel im Fichtelgebirge findet man solche Klüfte von 2 bis 3 Fuß Durchmesser in einem von kleinen Gängen durchzogenen Theile des Felsens. — — Die Ausdehnung der Höhlungen, welche unterirdisches Feuer und vulkanische Ausbrüche, im Innern der Erde, in jenen Primitiv-Felsen hervor bringen konnten, welche viele Hornblende, Glimmer, Granaten, halbverkalktes Eisen und Titan enthalten, die ein höheres Alter als der Granit zu haben scheinen und deren Bruchstücke unter den vulkanischen Auswürfen angetroffen werden, ist unbekannt. Es können diese Höhlungen nur als einzelne und örtliche Erscheinungen angesehen werden, und ihr Daseyn steht in keinerlei Widerspruch mit den aus MASKELYNE'S und CAVENDISCH'ENS schönen Versuchen über die mittlere Dichtheit der Erde sich ergebenden Säzzen. In den Ur-Gebirgen, welche wir untersuchen können, kommen eigentliche Grotten von einiger Ausdehnung nur in den Kalk-Formazionen, im kohlensauren und schwefelgesäuerten Kalksteine vor. Die Auflösbarkeit dieser Substanzen scheint seit Jahrhunderten die Wirkung der unterirdischen Wasser begünstigt zu haben. Im Ur-Kalksteine werden eben so geräumige Höhlen angetroffen wie im Uebergangs-Kalksteine[6], und in demjenigen, welchen

---

1 Das Erdreich, welches seit Jahrtausenden den Grund der Felsenhöhlen von Gaylenreuth und von Muggendorf in Franken deckt, dünstet jezt noch in gewissen Jahreszeiten, Mofetten oder gasartige Mischungen von Wasserstoff und Stickstoff aus, die zur Wölbung der Höhlen ansteigen. Diese Thatsache ist allen, welche jene Höhlen den Reisenden zeigen, wohl bekannt. LAUGIER fand im Erdreiche von Muggendorf, außer phosphorsauern Kalk, ein Zehntheil thierischen Stoff. Der stinkende und amoniakalische Geruch, welcher sich aus dieser Erde entwickelt, wenn sie auf glühendes Eisen gestreut wird, ist auffallend.

2 Der Fels, der über der Grotte steht, ist mit Bäumen von gigantischem Wuchse besezt. Dieser üppige Pflanzenwuchs verschönert jedoch nicht nur die äußere Wölbung, er ist auch noch im Vordertheile der Grotte sichtbar und dehnt sich in die Höhle von Caripe aus, wie in jene tiefen Schichten der Anden, die nur einem halben Tageslichte zugänglich sind, und er hört im Innern der Grotte eher nicht als in der Entfernung von 30 bis 40 Fuß vom Eingange auf.

3 Das Tageslicht dringt so weit vor, weil die Grotte einen einzigen Kanal bildet, der sich in unveränderter Richtung von SO. nach NW. ausdehnt.

4 Am Ufer des unterirdischen Flusses, findet sich eine große Menge Palmbaumholz, Ueberbleibsel der Stämme, welche die Indianer erklettern, um die an der Decke des Gewölbes hängenden Vogelnester zu ersteigen. Die von den Resten alter Blattstiele gebildeten Ringe, versehen gleichsam die Stufen einer senkrecht stehenden Leiter.

5 Diese Erscheinung eines unterirdischen Wasserfalles trifft man in ungleich größerem Maßstabe auch in der Brittischen Grafschaft York, in der Nähe von Kingsdale, in Yordas-Cave.

man eigentlich Sekundär-Kalk nennt. Wenn diese Höhlen im ersteren seltener vorkommen, so liegt der Grund darin, daß dieß Gestein überhaupt nur dem Glimmerschiefer[7] untergeordnete Lager, und kein besonderes System eigener Berge bildet, in die das Wasser eindringen und in weiten Räumen umlaufen könnte. Die Zerstörungen, welche dieses Element verursacht, sind gleichzeitige Wirkungen, theils seiner Menge, theils seines längeren oder kürzeren Verweilens, theils der, durch die Fällung bestimmten, Schnelligkeit seiner Bewegung, theils endlich der Auflösbarkeit des Gesteines. Im Allgemeinen wird das kohlensaure und schwefelgesäuerte Kalkgestein der Sekundär-Gebirge vom Wasser leichter angegriffen als der mit Kieselerde und Kohlenstoff stark gemengte Uebergangskalk. Untersucht man den inneren Bau, der die Wände der Höhlen bekleidenden Stalaktiten, so trifft man in denselben alle Merkmale eines chemischen Niederschlags. Der kohlensaure Kalk ist nicht blos mitgeführt in der Masse enthalten, er ist eigentlich darin aufgelöst[8]. Wie man den Zeiten näher rückt, wo das organische Leben sich in mannichfacheren Gestalten entwickelt, kommt die Erscheinung der Höhlen häufiger vor. Mehrere derselben, die unter dem Namen Balmen[9] (baumes) bekannt sind, befinden sich nicht im alten Sandsteine, zu welchem die große Steinkohlen-Formazion gehört, sondern im Alpen- und im Jurakalke, welcher öfters nur der Obertheil der Alpen-Formazion ist. Der Jurakalk zeigt sich im alten und im neuen Festlande dermaßen

---

6 Im Urkalk-Gebirge finden sich das Küzzel-Loch bei Kaufungen in Schlesien, und wahrscheinlich mehrere Höhlen der Inseln des Archipels. Im Uebergangs-Kalksteine kommen vor: die Höhlen von Elbingerode, Rübeland und Scharzfeld auf dem Harz, jene von Salzflüh in Graubündten, und nach GREENOUGH die von Torby in Devonshire.

7 Bisweilen auch dem Gneiß, wie dies auf dem Simplon zwischen Dovredo und Crevola der Fall ist.

8 Zwar zeigt sich bei den Versuchen in unsern chemischen Werkstätten diese Substanz nur in einem stark kohlengesäuerten Wasser auflöslich; aber die Naturerscheinungen, welche wir täglich in Höhlen und Quellen wahrnehmen, thun hinlänglich dar, daß eine kleine Menge Kohlensäure hinreicht, um das Wasser, nach langer Berührung, zur Auflösung einiger Theilchen des kohlensauren Kalkes fähig zu machen.

9 Das Wort Balmen gehört dem Schweizer-Dialekte an, und die Balmen von Sentis, vom Mole und von Bratenberg am Ufer des Thuner Sees kommen im Alpenkalke vor.

höhlenreich[10], daß mehrere Geognosten aus der Schule von Freiberg, ihm den Namen Höhlen-Kalkstein (*calcaire à cavernes*) ertheilt haben. Diese Felsart ist es, die den Lauf der Flüsse so oft unterbricht[11] und sie gleichsam verschlingt, oder in ihr Inneres aufnimmt. Sie ist es auch, in der die *Cueva del Guacharo* und die übrigen Grotten des Caripethals vorkommen. Der salzführende Gyps[12] sey es, daß er schichtenweise im Jura, oder im Alpenkalke vorkommt, oder daß er beide Formazionen trennt, oder daß er endlich zwischen dem Alpenkalke und dem thonigen Sandsteine gelagert ist, liefert gleichfalls, um seiner leichten Auflöslichkeit im Wasser willen, große Höhlungen. Sie hängen oft in der Entfernung mehrerer Meilen mit einander zusammen. Wenn die unterirdischen Becken[13] mit Wasser angefüllt sind, so wird ihre Nähe den Bergleuten gefährlich, indem die Arbeiten derselben dadurch unvorhergesehenen Ueberschwemmungen ausgesezt werden; sind die Höhlen hingegen trocken und geräumig, so begünstigen sie das Austrocknen des Bergwerkes. In Geschoße eingetheilt, können sie das Wasser in ihren Obertheil aufnehmen, und zur Unterstüzzung der Kunstanlagen als durch die Natur ausgegrabene Abflußstellen gebraucht werden. Nach den Kalk- und Gyps-Formazionen wäre unter den Sekundär-Steinarten noch eine dritte Formazion, jene des thonichten Sandsteines[14], zu untersuchen, die jünger ist, als das Erdreich der Salzquellen; allein diese aus kleinen Quarzkörnern und thonichtem Bindungsmittel bestehende Felsart enthält selten Höhlen, und wo solche vorkommen, sind sie nur klein. Sie verengen sich allmählich gegen ihren Grund hin[15], und die Wände sind mit braunem Ocker überzogen.

Aus dem bisher Gesagten erhellt, daß die Gestalt der Höhle zum Theil von der Natur der Steinart abhängt, worin sie vorkommen, doch ist auch öfters der Fall, daß diese Gestalt in einer und der nämlichen Formazion durch äußere Einwirkungen sich verändert. Es verhält sich mit der Gestaltung der Höhlen wie mit den Umrissen der Berge, mit den Krümmungen der Thäler und mit vielen andern Erscheinungen, welche beim ersten Anblicke nur Regellosigkeit und Verwirrung zeigen. Die geordnete Gestalt wird offenbar, sobald man eine ausgedehnte Landschaft, die gewaltsame, aber gleichförmige und periodische Umwälzungen erlitten hat, beobachtend ins Auge fassen kann. Nach demjenigen, was ich in den Europäischen Gebirgen und in den Amerikanischen Kordilleren zu beobachten Gelegenheit hatte, lassen sich die Höhlen, ihrer inneren Beschaffenheit nach, in drei Klassen theilen. Die Gestaltung der einen zeigt weite Risse oder Spalten, den leeren Erzadern ähnlich, wie dieß bei der Rosenmüllerschen Grotte in Franken, bei derjenigen von Elderhole im Pic von Derbyshire und in den Sumideros von Chamarasapa[16] in Mexiko der Fall ist. Andere Höhlen gehen zu beiden Endungen zu Tage aus; es sind dieß eigentliche durchbrochene Felsen, natürliche Stollen, die einen einzelnen Berg durchschneiden[17]. Es ist eine schwere Aufgabe, die Entstehungsart dieser Kanäle zu erklären, die bisweilen unterirdischen Wassern zum Flußbett dienen. Sind die durchbrochenen Felsen durch die Kraft einer Strömung ausgehöhlt worden, oder soll man eher annehmen, es sey die eine der Höhlenöffnungen durch einen späteren Einsturz, durch eine Veränderung in der äußeren Gestaltung der Berge, wie z. B. durch ein neues in ihren Flanken eröffnetes Thal, entstanden? — — Eine dritte Grottenbildung, die am öftesten vorkommt, zeigt eine Reihenfolge von Höhlungen, ungefähr in gleicher Erhöhung und Richtung, und untereinander durch mehr und weniger schmale Gänge zusammenhängend. — — Zu diesen Verschiedenheiten allgemeiner Gestaltung gesellen sich noch andere, nicht weniger bemerkenswerthe Umstände. Es ist öfters der Fall,

---

10 Hierher die Grotten vom Boudry, von Motiers-Travers und von Valorbe, im Jura, die Grotte vom Balme bei Genf, die Höhlen zwischen Muggendorf und Gailenreuth in Franken, Sowia Jama, Ogrodzimiec und Wlodowice, in Polen.

11 Diese geologische Erscheinung hatte die Aufmerksamkeit der Alten vielfältig beschäftigt. STRABO, Geogr. lib. 6 (ed. Oxon, 1817, Tom I. p. 397).

12 Gyps von Bottendorf (Schlottengyps).

13 Kalkschlotten, in Thüringen.

14 Sandstein von Weißenfels und von Nebra; Oolithen-Sandstein; bunter Sandstein.

15 Dahin gehören die Heuscheune in Schlesien, der Diebskeller und der Kuhstall in Sachsen.

16 Nahe bei Tusco und Tehuilotepec.

17 Dahin gehören der hohle Berg von Muggendorf und die von den Otomiten-Indianern Dantoe genannte berühmte Höhle, der die Spanischen Amerikaner den Namen der Gottesmutterbrücke gaben.

daß kleine Höhlen sehr weite Oeffnungen haben, während man durch sehr niedrige Wölbungen in die weitesten und tiefsten Höhlen kriechen muß. Die Gänge, welche einzelne Höhlen miteinander verbinden, sind meist wagerecht, jedoch sah ich auch solche, welche Trichtern oder Schächten glichen, und deren Entstehung man einer, sich durch die weiche Masse entwickelnden, elastischen Flüssigkeit zuschreiben könnte. Wenn Flüsse aus Höhlen hervorgehen, so bilden sie einen einzigen, wagerechten und zusammenhängenden Kanal, dessen Erweiterungen beinahe unmerklich sind. So zeigt sich die *Cueva del Guacharo*, welche oben beschrieben ward, und in den Mexikanischen Westkordilleren die Höhle *San Felipe*, bei Tehuilotepec. Betrachtet man diese Verschiedenheit der Höhlen-Gestaltung in beiden Welttheilen, so sieht man sich genöthigt, mehrere sehr verschiedene Ursachen ihrer Bildung anzunehmen. Wenn von Entstehung der Höhlen die Rede ist, so muß man zwischen zwei Systemen wählen, von denen das eine gewaltsame und plözliche Erschütterungen in Anspruch nimmt, wie z. B. die elastische Kraft der Dämpfe und vulkanische Ausbrüche, während das andere seine Zuflucht zu kleinen, beinahe unmerklich, durch allmähliche Entwickelung wirkenden Kräften nimmt. Bei diesen Hypothesen darf man jedoch die horizontale Richtung nicht außer Auge lassen, welche man so häufig auf großen Ausdehnungen der Gyps- und Kalkgebirge in Stellung der durch Zwischengänge mit einander verbundenen Höhlen wahrnimmt. Diese beinahe vollkommen wagerechte Richtung, diese sanfte und gleichförmige Senkung, scheinen Wirkung eines langen Aufenthalts von Wasser zu seyn, welche schon bestehende Risse, mittelst Durchfressung erweitern, und die feinsten Theilchen um so leichter entführen, als der Thon oder das salzsaure Natron (Steinsalz) mit dem Gyps oder dem Stinkstein[18], vermischt sind. Diese Wirkungen sind die nämlichen, da wo die Höhlungen eine lange zusammenhängende Reihenfolge bilden, oder wo mehrere solche Reihenfolgen übereinander liegen, wie dieß fast ausschließlich in den Gypsgebirgen der Fall ist. Was in den schalthierhaltigen oder neptunischen Gesteinen die Wirkung des Wassers ist, scheint hinwieder in den vulkanischen Steinarten zuweilen Wirkung gasartiger Ausdünstungen[19] zu seyn, welche in der Richtung wirken, worin sie den mindesten Widerstand finden. Wenn eine geschmolzene Masse sich auf einem sehr sanften Abhange fort bewegt, so sind die Axen der durch die Entwickelung der elastischen Flüssigkeiten gebildeten Höhlen, mit der Fläche, worauf die fortgehende Bewegung statt findet, ungefähr horizontal oder parallel. Eine ähnliche Entwickelung von Dämpfen, verbunden mit der elastischen Kraft der Gase, welche die erweichten und aufgehobenen Schichten durchdringen, scheint bisweilen die große Erweiterung der Höhlen zu bestimmen, die man in den Trachiten oder trappartigen Porphyrfelsen antrifft. Diese Porphyrhöhlen werden in den Kordilleren von Quito und Peru mit dem Indischen Namen der Machays bezeichnet. Sie sind überhaupt nicht tief, inwendig mit Schwefel überzogen, und unterscheiden sich durch ihren ungemein weiten Eingang, von denen der vulkanischen Tuffsteine[20] in Italien, auf Teneriffa und in den Anden. Reihet man auf diese Weise in Gedanken die primitiven, sekundären und vulkanischen Steinarten aneinander, und unterscheidet man die oxydirte Kruste des Erdballs vom inwendigen Kern, der vielleicht aus metallischen und entzündbaren Stoffen besteht, so trifft man überall Höhlen. Sie versehen im Haushalt der Natur die Stelle großer Behälter von Wasser und elastischen Flüssigkeiten. Die Gypshöhlen zeichnen sich durch den Glanz des krystallisirten Selenits aus. Glasartige, braun und gelbgefärbte Blätter lösen sich von einem gestreiften, aus Alabaster- und Stinkstein-Lagen bestehenden Grund ab. Die Kalkgrotten haben eine einförmigere Färbung. Sie sind um so schöner und reicher an Stalaktiten, als sie enger sind, und die Luft darin weniger freien Umlauf hat. Weil sie zu groß ist, und der Luft all zu offen steht, kommen in

---

18 Calcaire fétide. WERNER hat die Hypothese gewagt, der zufolge, im alten Gyps von Thüringen, die Höhlen durch Wegführung sehr großer Massen salzsaures Natrons entstanden seyn sollten.

19 Auf dem Vesuv sah man im J. 1805, an Strömen frischer Lava, in der Strömungsrichtung ausgedehnte Höhlen, von sechs bis sieben Fuß Länge auf drei Fuß Höhe. Diese kleinen vulkanischen Höhlen waren mit Eisenglanz überzogen, welcher, zufolge der neuesten Arbeiten GAY-LUSSAC's über die Eisenoxyde den Namen fer oligiste nicht mehr behalten kann.

20 Das Feuer wirkt oft dem Wasser gleich, indem es Massen wegführt. Die Höhlungen können die Wirkung einer feurigen Auflösung seyn, wie sie viel öfterer die Wirkung wässeriger Durchfressung oder Auflösung sind. Der Kapitän Flinders bringt eine Höhle auf Isle de France, in der Nähe der Pflanzung Menil, auf Rechnung einer, in Folge eines vulkanischen Ausbruchs geschmolzenen und weggeführten, Lage von Eisenglanz (fer spéculaire).

der Höhle von Caripe jene Inkrustazionen beinahe gar nicht vor, deren Bilderformen in andern Ländern die Neugier des Volks so sehr anregen. Auch sucht man darin vergeblich unterirdische Pflanzen und Kryptogamisten aus der Familie der Usneen, die zuweilen den Stalaktiten, wie der Epheu unsern Mauern anklebend, gefunden werden. Die Höhlen der Gypsberge enthalten öfters Bergschwaden und schädliche Gasarten. Es ist nicht der schwefelgesäuerte Kalk, welcher auf die atmosphärische Luft wirkt, sondern der einigermaßen kohlenstoffhaltige Thon und der Stinkstein, welche dem Gypse so oft beigemischt sind. Es läßt sich noch nicht entscheiden, ob der stinkende kohlenhaltige Kalk als Wasserschwefel oder vermöge eines bituminösen Grundstoffes wirkt[21]. Sein Vermögen, den Sauerstoff zu absorbiren, ist ziemlich allgemein bekannt; es trifft solches zusammen mit der Wirkung des kohlenstoffhaltigen Thons der Gypsgrotten und der Sinkwerke, die man in den, durch eingeleitetes Süßwasser bearbeiteten Steinsalzminen anlegt. Die Höhlen der Kalkgebirge sind diesen Zersezzungen der atmosphärischen Luft nicht ausgesezt, insofern sie nicht etwa Knochengerippe vierfüßiger Thiere enthalten, oder das mit Bindestoff (Gluten) und phosphorsauerm Kalk vermischte Erdreich, aus welchem sich entzündbare und stinkende Gasarten entwickeln. Alles Nachforschens bei den Einwohnern von Caripe, von Cumanaroa und von Cariaro unerachtet, war keine Anzeige zu erhalten, daß in der Grotte von Guacharo jemals Ueberreste fleischfressender Thiere oder jene Knochen-Brekzien grasfressender Thiere angetroffen wurden, die in den Deutschen und Ungarischen Höhlen, oder in den Spalten der Kalkfelsen von Gibraltar vorkommen. Die fossilen Knochen des Megatheriums, der Elephanten und Mastodonten, die durch Reisende aus Südamerika gebracht wurden, gehören alle dem lockern Boden der Thäler oder Bergebenen an. Mit Ausnahme des Megalonix[22], einer Art Faulthier, das die Größe des Ochsen hat, und von JEFFERSON beschrieben ward, kennt man bis dahin kein Beispiel eines, in einer Amerikanischen Berghöhle wahrgenommenen, Thiergeripps[23]. Die Grotte von Caripe ist eine der geräumigsten, die man im Kalkgebirge kennt. Ihre Länge beträgt wenigstens 2800 Fuß. Ueberhaupt sind es, dem ungleichen Verhältniß der Auflösbarkeit des Gesteins zufolge, nicht die Kalkgebirge, sondern die Gypsformazionen, welche die ausgedehntesten Reihenfolgen von Höhlen bilden. In Sachsen kommen bekanntlich deren in Gyps vor, die mehrere Meilen lang sind, zum Beispiel jene von Womelburg, die mit der Cresfelder Höhle zusammenhängt. Unter den Beobachtungen, zu denen die Grotten Anlaß geben, ist die genaue Bestimmung ihrer Temperatur für den Naturforscher am merkwürdigsten. Die Höhle von Caripe, die ungefähr unter dem 10° 10' der Breite, also im Mittelpunkt des heißen Erdstrichs liegt, ist 506 Toisen über der Wasserfläche im Golf von Cariaro erhöhet. Die Reisenden fanden in derselben, im Herbstmonat, die Temperatur der inneren Luft überall zwischen 18°, 4 und 18°, 9 des hundertgradigen Wärmemessers. Die äußere Atmosphäre zeigte 16°, 2. Beim Eingang der Höhle erhielt sich das Thermometer in der Luft auf 71°, 6; aber ins Wasser des kleinen unterirdischen Flusses getaucht, zeigte es bis in den tiefen Grund der Höhle 10°, 8. Diese Versuche sind besonders wichtig, wenn man über das Gleichgewicht der Wärme nachdenkt, das sich zwischen Wasser, Luft und Erde zu bilden strebt.[24]

Die Steinlager, welche die Rinde unsers Planeten bilden, sind allein nur unsern Forschungen zugänglich, und man weiß jezt, daß die mittlere Temperatur dieser Lager nicht blos nach Breiten und Höhen verschieden ist, sondern daß sie, nach der Lage der Orte, während eines Jahres auch regelmäßige Schwingungen um die mittlere Wärme der Atmosphäre macht. Wir

---

21 Der Stinkstein zeigt beständig eine braunschwärzliche Färbung; weiß wird er nur durch Zersezzung, und nachdem er auf die ihn berührende Luft eingewirkt hat. Mit dem Stinkstein, welcher zu den Sekundär-Formazionen gehört, muß ein körnigter, sehr weißer Urkalkstein, von der Insel Thasos, nicht verwechselt werden, welcher geschabt einen Geruch von geschwefeltem Wasserstoff zeigt. Dieser Marmor ist grobkörnigter als der Kararische.

22 Der Megalonix ward in den Höhlen von Green-Briar, in Virginien, 1500 Meilen vom Megatherium entfernt angetroffen, das nur wenig von ihm verschieden ist, und die Größe des Rhinozeros hat.

23 Die überaus große Seltenheit dieser geologischen Erscheinung wird um so weniger auffallend seyn, wenn man bedenkt, daß Frankreich, England und Italien ebenfalls zahlreiche Felsgrotten besizzen, in denen niemals Spuren fossiler Knochen angetroffen wurden.

24 Zur Zeit, wo Hr. v. H. Europa verließ, bedauerten die Naturforscher, noch nicht hinlängliche Thatsachen über das, was man Etwas hochtönend die Temperatur vom Innern des Erdballs nannte, zu besizzen, und seit Kurzem erst ward mit einigem Erfolg an der Lösung dieser großen Aufgabe der unterirdischen Meteorologie gearbeitet.

sind schon weit von dem Zeitpunkte entfernt, wo man verwundert war, in andern Erdstrichen die Wärme der Höhlen und Schächte von der, in den Kellern der Sternwarte zu Paris beobachteten, abweichend zu finden. Das gleiche Instrument, welches in diesen Kellern 12° zeigt, steigt in den unterirdischen Räumen der Insel Madera, nahe bei Funchal auf 16°, 2; in den Brunnen von St. Joseph in Cairo auf 21°, 2, in den Grotten der Insel Cuba auf 22° oder 23°. Dieses Wachsthum steht ungefähr im Verhältniß zu demjenigen der mittleren Temperaturen der Atmosphäre vom 48sten Breitegrad bis zum Wendekreis. Wir haben oben gesehen, daß in der Grotte von Guacharo das Wasser ihres kleinen Flusses beinahe um 2° kälter als die umgebende Luft der Höhle ist. Das Wasser, es mag sich zwischen Felsen durchziehen, oder über Steinbette hinfließen, nimmt ohne Zweifel die Temperatur dieser Lezteren an. Die in den Grotten verschlossene Luft hingegen ist nicht stillstehend, sondern mit der äußeren Luft in Verbindung. Obgleich unter der heißen Zone die Veränderungen der äußeren Temperatur nur klein sind, so bilden sich dennoch Strömungen, welche die Wärme der innern Luft periodisch ändern. Demnach ist es die Temperatur des Wassers von 16°, 8, welche man als die Temperatur der Erde in diesen Bergen betrachten könnte, wenn man Gewißheit hätte, daß die Gewässer nicht etwa von den benachbarten höheren Bergen schnell herunter fließen. Aus diesen Zusammenstellungen ergibt es sich, daß, wenn auch ganz genaue Resultate nicht zu erhalten sind, doch wenigstens in jedem Erdstrich Grenzzahlen gefunden werden. Zu Caripe, in der Aequinoktialzone, auf 500 Toisen Erhöhung, beträgt die mittlere Temperatur der Erde nicht unter 16°, 8; dies ergibt sich aus dem am Wasser des unterirdischen Flusses angestellten Versuche. Hinwieder kann dargethan werden, daß diese Temperatur der Erde nicht über 19°, 7 beträgt, weil die Luft der Höhle im Herbstmonate 18°, 7 zeigte. Da die mittlere Temperatur der Atmosphäre, im wärmsten Monat 19°, 5 nicht übersteigt, so würde wahrscheinlich der Wärmemesser, in der Luft der Grotte aufgestellt, zu keiner Jahreszeit, über 19° ansteigen. Diese Resultate erscheinen unrichtig, wenn sie einzeln betrachtet werden; vergleicht man sie hingegen mit den neuerlich unter dem Polarkreis angestellten Beobachtungen der Herren v. Buch und Wahlenberg, so können sie, theils auf den Natur-Haushalt überhaupt, theils auf das Gleichgewicht der Temperatur, nach welchem Luft und Erde immerfort hinstreben, einiges Licht werfen. Es liegt außer Zweifel, daß in Lappland die Steinrinde des Erdballs um 3 bis 4 Grad über der mittleren Temperatur der Atmosphäre steht. Verursacht die in den Tiefen des Aequinoktial-Ozeans beständig herrschende Kälte, welche eine Wirkung der Polarströmungen ist, in den Tropenländern eine fühlbare Verminderung der Temperatur der Erde? Steht die Temperatur daselbst unter derjenigen der Atmosphäre?

Jaguare

Die mit Meyereyen und kleinen Indigo- und Tabackpflanzungen besetzte Ebene von Cumanacoa wird von Bergen umzingelt, deren Höhe besonders auf der Südseite beträchtlich ist, und die dem Physiker und dem Geologen gleiches Interesse darbieten. Alles verräth, daß der Thalgrund das Bett eines vormaligen Sees ist; auch sind die Berge, welche vormals sein Ufer bildeten, nach der Ebene zu alle steil abgeschnitten. Die Wasser des Sees hatten nur gegen Arenas hin Abfluß. Bey Grabungen, die zum Behuf von Häuserbau angestellt wurden, fand man in der Nähe von Cumanacoa, Strandsteinschichten mit zweyschaalichten kleinen Muscheln vermengt. Den Angaben sehr glaubwürdiger Personen zufolge, wurden, sogar vor mehr als dreyßig Jahren, in der tiefen Schlucht von San Juanillo zwey überaus große, vier Fuß lange und über dreyßig Pfund schwere Schenkelknochen entdeckt[1]. Die Indianer hielten sie, wie noch heutzutag beym gemeinen Volk in Europa der Glaube herrscht, für Riesenknochen, während die Halbgelehrten des Landes, die alles zu erklären berechtigt sind, ganz ernsthaft versicherten, es seyen dieß keiner Aufmerksamkeit werthe Naturspiele. Ihre Behauptung gründeten sie zunächst auf den Umstand, daß das Erdreich von Cumanacoa die Menschenknochen schnell auflöst. Zum Kirchenschmuck am Feste der Todten, holt man Schädel von den Gottesäckern, welche nahe bey den Küsten liegen, und deren Erdreich mit Salztheilen erfüllt ist. Die angeblichen Riesenschenkel wurden nach dem Hafen von Cumana gebracht, wo ich mich vergeblich darnach erkundigte, allein, den fossilen Knochen zufolge, die ich in einigen anderen Gegenden des südlichen Amerika zu sammeln den Anlaß hatte, und die durch Hrn. Cuvier genau untersucht wurden[2], ist es wahrscheinlich, daß die Riesengebeine von Cumanacoa einer verloren gegangnen Elephantenart angehörten. Es kann Befremden erregen, daß sie in einer Gegend gefunden wurden, die so wenig über den gegenwärtigen Wasserstand emporsteht; indem es eine bemerkenswerthe Thatsache ist, daß die Bruchstücke der Mastodonten und der fossilen Elephanten, die ich in den Aequinoctialgegenden von Mexico, Neu-Grenada, Quito und Perou sammelte, nicht in den tiefgelegnen Gegenden (wie im gemäßigten Erdstriche, die Megatherium von Rio-Luxan[3] und Virginien[4], die großen Mastodonten vom Ohio, und die fossilen Elephanten von Susquehana), sondern auf den sechshundert bis vierzehnhundert Toisen hohen Ebenen gefunden wurden.

Wenn man das mittägliche Gestade des Beckens von Cumanacoa erreicht hat, so genießt man die Fernsicht von Turimiquiri[5]. Eine gewaltige Felsenmauer, der Ueberrest eines jähen Gestades, erhebt sich mitten im Wald. Mehr westlich, am Cerro del Cuchivano, scheint die Bergkette wie durch ein Erdbeben zerrissen. Die Spalte ist über hundert und fünfzig Toisen breit; sie wird von senkrecht abgeschnittnen Felsen umgeben, und ist mit Bäumen besetzt, deren miteinander verschlungene Aeste nicht Raum finden, um sich auszudehnen. Man glaubt ein durch Einsinken des Erdreichs geöffnetes Bergwerk zu sehen. Ein Waldstrom, der Rio-Juagua, fließt durch diese Bergschlucht, die ein höchst mahlerisches Aussehen hat, und *Risco del Cuchivano* heißt. Der Bach entspringt südwestlich in einer Entfernung von sieben Meilen am Fuße des Brigantin, und bildet schöne Wasserfälle, ehe er sich in die Ebene von Cumanacoa ergießt.

---

1 Die Entdeckung machte Don *Alexandro Mexias, Corrégidor* von Catuaro.

2 *Recherches sur les ossemens fossiles*, Tom. II. (*Eléphans fossiles*), p. 57.

3 Eine Meile südöstlich von der Stadt Buenos-Ayres.

4 Das Megatherium aus Virginien ist Hr. *Jefferson*'s Megalonix. Alle die ungeheuren Ueberreste, welche *in den Ebenen* des Neuen Festlandes, auf der Nord- und Südseite des Aequators gefunden wurden, gehörten nicht der heißen, sondern der gemäßigten Zone an. Hinwieder hat *Pallas* bemerkt, daß in Siberien, also abermals außer den Wendekreisen, die fossilen Knochen nirgends auf den Gebirgen vorkommen (*Nov. Comment. Petrop.*, 1772, p. 577). Diese, einander genau verwandten Thatsachen scheinen auf die Kenntniß eines großen geologischen Gesetzes hinzuführen.

5 Einige Einwohner sprechen aus Tumuriquiri , Turumiquiri oder Tumiriquiri. Die ganze Zeit meines Aufenthalts in Cumanacoa über war der Gipfel dieses Berges mit Wolken bedekt. Am 11. September Abends ward er, aber nur wenige Minuten, sichtbar. Den Höhewinkel fand ich auf dem großen Platze von Cumanacoa, zu 8° 2'. Diese Angabe und die barometrische Messung des Berges, die sich am 13. vornahm, können zur annähernden Ausmittlung der Entfernung dienen, die 6⅓ Millen oder 6050 Toisen beträgt, wenn man annimmt, daß der von Wolken entblößte Theil 850 Toisen über der Ebene von Cumanacoa emporstund.

Wir besuchten mehrmals einen kleinen Pachthof, welcher der Bergschlucht von Cuchivano gegenüber liegt, und Conuco de Bermudez heißt. Man pflanzt daselbst in feuchtem Erdreich Pisang, Taback und verschiedene Arten der Baumwollstaude[6], vorzüglich diejenige, deren Baumwolle die gelbe Farbe des Nankin hat, und auf der Margaritainsel so gemein ist[7]. Der Besitzer der Meyerey versicherte uns, die Schlucht sey von amerikanischen Tigern (Jaguars) bewohnt. Diese Thiere bleiben den Tag über in ihren Höhlen, und streichen nächtlicher Weile um die Wohnungen herum. Weil sie gut genährt sind, so werden sie bis auf sechs Fuß lang. Einer dieser Tiger hatte voriges Jahr ein dem Meyerhof zugehöriges Pferd verzehrt. Er schleppte seine Beute bey hellem Mondschein quer über die Weide, unter einen sehr großen Ceibabaum. Das Stöhnen des sterbenden Thiers hatte die Sclaven des Hofes geweckt. Sie traten, mit Lanzen und *Macheten*[8] bewaffnet, mitten in der Nacht aus dem Hause. Der Tiger, auf seine Beute gelagert, erwartete ruhig ihre Ankunft, und unterlag erst nach langem und hartnäckigem Widerstand. Diese und andere Thatsachen mehr, die an Ort und Stelle beglaubigt wurden, beweisen, daß der große Jaguar[9] des amerikanischen Festlandes, gleich dem Jaguaret aus Paraguay und dem wahren asiatischen Tigerthier, vor dem Menschen nicht flieht, wenn dieser den Kampf mit ihm bestehen will, und wenn die Zahl der Angreiffer ihn nicht abschreckt. Die Naturforscher haben sich jetzt überzeugt, daß *Buffon* die größte der amerikanischen Katzenarten völlig mißkannt hat. Was dieser berühmte Schriftsteller von der Feigheit der amerikanischen Tieger sagt, bezieht sich auf den kleinen Ocelot[10], und wir werden bald sehen, daß am Orenoko der wahre amerikanische Tieger, der Jaguar, bisweilen in's Wasser springt, um die Indianer in ihren Piroguen oder kleinen Nachen anzugreiffen.

Dem Meyerhofe von Bermudez gegenüber, öffnen sich in der Bergschlucht des Cuchivano zwey geräumige Höhlen, aus denen von Zeit zu Zeit Flammen hervortreten, die man nächtlich von weitem sieht. Die benachbarten Berge werden von ihnen beleuchtet; und nach der Höhe der Felsen zu schließen, über welche diese feurigen Ausdünstungen sich erheben, könnte man versucht seyn zu glauben, daß sie zu einer Höhe von mehreren hundert Fuß ansteigen. Zur Zeit des letzten großen Erdbebens von Cumana[11] war diese Erscheinung mit einem unterirdischen, dumpfen und andaurenden

Getöse verbunden. Sie zeigt sich vorzüglich während der Regenzeit, und die Besitzer der dem Berge von Cuchivano gegenüberliegenden Meyereyen behaupten, die Flammen seyen seit dem Christmonat 1797 häufiger geworden.

Bey Anlaß einer botanischen Wanderung nach Rinconada, machten wir einen vergeblichen Versuch in die Bergschlucht einzudringen. Wir wünschten die Felsen in der Nähe zu untersuchen, welche in ihrem Schoß die Ursachen jener außerordentlichen Entzündungen zu verschließen scheinen. Der mächtige Pflanzenwuchs, die unter sich verschlungenen Lianen und Dorngebüsche hinderten uns vorzudringen: glücklicher Weise nahmen die Bewohner des Thales selbst lebhaften Antheil an unsern Forschungen, weniger aus Furcht vor einem vulkanischen Ausbruch, als weil ihre Phantasie die Idee ergriffen hatte, der Risco del Cuchivano enthalte eine Goldmine. Wir mochten immerhin unsere Zweifel über das Daseyn von Gold in einem muschelhaltigen Kalksteine vortragen; sie begehrten zu wissen, was »der deutsche Bergmann von dem Reichthum der Ader halte.« Seit Karl's des Fünften Zeit, und seit der Regierung der *Welser*, *Alfinger* und *Sailer*, in Coro und in Caracas, haben die Völker des amerikanischen Festlandes, in

6 Gossipium uniglandulosum, das uneigentlich krautartig (herbaceum) benennt wird, und G. barbadense. Hr. *von Rohr* hat dargethan, wie viel Verwirrung in Bestimmung der Arten und Spielarten der Baumwollpflanze noch herrscht.

7 G. religiosum.

8 Große, mit sehr langen Klingen versehene, den Jagdmessern ähnliche Messer. In der heißen Zone geht Niemand in's Gehölz, ohne mit einer *Machete* versehen zu seyn, theils um sich durch das Abschneiden von Baumästen und Lianen Weg zu bahnen, theils zum Schutz gegen wilde Thiere.

9 *Felis onça*, Lin., von *Buffon*, welcher Afrika für ihr Vaterland hielt, *Panthère oillée* genannt. Das weibliche, in der *Histoire des quadrupèdes de Buffon*, Tom. IX, pl. XII. abgebildete Panterthier, ist ein wirklicher Jaguar. (Cuvier, *ossem. fossiles*, Tom. IV., *Chats*, p. 13.) Wir werden den Anlaß haben, auf diesen für die Zoologie und die Geographie der Thiere wichtigen Gegenstand in der Folge zurückzukommen.

10 *Felis pardalis*, Lin., oder Azarra's Chibiguazu, vom Tlateo-Ocelotl oder der Tigerkatze der Azteken verschieden.

11 Siehe oben, B. I. S. 483.

allen auf die Bewerbung von Bergwerken bezüglichen Dingen, ein großes Vertrauen zu den Deutschen beybehalten. Ueberall, wo ich im südlichen Amerika hinkam, wurden mir, sobald man mein Geburtsland inne ward, Erzstücke vorgewiesen. Jeder Franzose wird in diesen Kolonien für einen Arzt, und jeder Deutsche für einen Bergmann gehalten.

Die Schaffner öffneten mit Hülfe ihrer Sclaven einen Weg durchs Gehölz bis zum ersten Wasserfall des Rio Juagua; und am 10. September unternahmen wir unsern Ausflug nach dem Cuchivano. Beym Eintritt in die Schlucht erkannten wir die Nähe der Tiger, sowol durch ein frisch ausgeweidetes Stachelthier, als an ihrem stinkenden, der europäischen Katze ähnlichen Koth. Zu mehrerer Sicherheit kehrten die Indianer nach dem Meyerhof zurück, um Hunde einer sehr kleinen Rasse zu holen. Man behauptet, beym Zusammentreffen auf einem schmalen Pfade, falle der Jaguar den Hund eher als den Menschen an.

Der Aturen-Papagei

Der Vogel lebte in Maypures, und die Eingeborenen behaupteten, daß man ihn nicht verstehe, weil er die Sprache des untergegangenen Stammes der Aturen rede.

Als wir, Hr. Bonpland und ich, von den Ufern des Rio Negro zurückkehrten, wagten wir es die letzte oder untere Hälfte des Raudals von Atures mit dem beladenen Canot zu passiren. Wir stiegen mehrmals auf den Klippen aus, welche, als Dämme, Insel mit Insel verbinden. Bald stürzen die Wasser über diese Dämme weg, bald fallen sie mit dumpfem Getöse in das Innere derselben. Daher sind oft ganze Strecken des Flußbettes trocken, weil der Strom sich durch unterirdische Canäle einen Weg bahnt. Hier nisten die goldgelben Klippenhühner (Pipra rupicola): einer der schönsten Vögel der Tropenwelt, mit doppelter beweglicher Federkrone, streitbar wie der ostindische Haushahn.

Im Raudal von Canucari bilden aufgethürmte Granitkugeln den Felsdamm. Wir krochen dort in das Innere einer Höhle, deren feuchte Wände mit Conferven und leuchtendem Byssus bedeckt waren. Mit fürchterlichem Getöse rauschte der Fluß hoch über uns weg. Wir fanden zufällig Gelegenheit diese große Naturscene länger, als wir wünschen konnten, zu genießen. Die Indianer hatten uns mitten in der Cataracte verlassen. Das Canot sollte eine schmale Insel umschiffen, um uns, nach einem langen Umwege, an der unteren Spitze derselben wieder aufzunehmen. Anderthalb Stunden lang harrten wir bei furchtbarem Gewitterregen. Die Nacht brach ein; wir suchten vergebens Schutz zwischen den klüftigen Granitmassen. Die kleinen Affen, die wir Monate lang in geflochtenen Käfigen mit uns führten, lockten durch ihr klagendes Geschrei Crocodile herbei, deren Größe und bleigraue Farbe ein hohes Alter andeuteten. Ich würde dieser, im Orinoco so gewöhnlichen Erscheinung nicht erwähnen, hätten uns nicht die Indianer versichert, kein Crocodil sei je in den Cataracten gesehen worden; ja im Vertrauen auf ihre Behauptung hatten wir es mehrmals gewagt uns in diesem Theile des Flusses zu baden.

Indessen nahm die Besorgniß, daß wir, durchnäßt und von dem Donner des Wassersturzes betäubt, die lange Tropennacht mitten im Raudal durchwachen müßten, mit jedem Augenblicke zu: bis die Indianer und unser Canot erschienen. Sie hatten die Staffel, auf der sie sich herablassen wollten, bei allzu niedrigem Wasserstande unzugänglich gefunden. Die Lootsen waren genöthigt gewesen in dem Labyrinth von Kanälen ein zugänglicheres Fahrwasser zu suchen.

Am südlichen Eingange des Raudals von Atures, am rechten Ufer des Flusses, liegt die unter den Indianern weit berufene Höhle von Ataruipe. Die Gegend umher hat einen großen und ernsten Naturcharakter, der sie wie zu einem National-Begräbnisse eignet. Man erklimmt mühsam, selbst nicht ohne Gefahr in eine große Tiefe hinabzurollen, eine steile, völlig nackte Granitwand. Es würde kaum möglich sein auf der glatten Fläche festen Fuß zu fassen, träten nicht große Feldspath-Krystalle, der Verwitterung trotzend, zoll-lang aus dem Gesteine hervor.

Kaum ist die Kuppe erreicht, so wird man durch eine weite Aussicht über die umliegende Gegend überrascht. Aus dem schäumenden Flußbette erheben sich mit Wald geschmückte Hügel. Jenseits des Stromes, über das westliche Ufer hinweg, ruht der Blick auf der unermeßlichen Grasflur des Meta. Am Horizont erscheint, wie ein drohend aufziehendes Gewölk, das Gebirge Uniama. So die Ferne: nahe umher ist alles öde und eng. Im tief gefurchten Thale schweben einsam der Geier und die krächzenden Caprimulge. An der nackten Felswand schleicht ihr schwindender Schatten hin.

Dieser Kessel ist von Bergen begrenzt, deren abgerundete Gipfel ungeheure Granitkugeln tragen. Der Durchmesser dieser Kugeln beträgt 40 bis 50 Fuß. Sie scheinen die Unterlage nur in einem einzigen Punkte zu berühren: eben als müßten sie, bei dem schwächsten Erdstoße, herabrollen.

Der hintere Theil des Felsthals ist mit dichtem Laubholze bedeckt. An diesem schattigen Orte öffnet sich die Höhle von Ataruipe: eigentlich nicht eine Höhle, sondern ein Gewölbe, eine weit überhangende Klippe; eine Bucht, welche die Wasser, als sie einst diese Höhe erreichten, ausgewaschen haben. Dieser Ort ist die Gruft eines vertilgten Völkerstammes.[1] Wir zählten ungefähr 600 wohlerhaltene Skelette, in eben so vielen Körben, die von den Stielen des Palmenlaubes geflochten sind. Diese Körbe, welche die Indianer

Mapires nennen, bilden eine Art viereckiger Säcke, die nach dem Alter des Verstorbenen von verschiedener Größe sind. Selbst neugeborene Kinder haben ihr eigenes Mapire. Die Skelette sind so vollständig, daß keine Rippe, keine Phalange fehlt.

Die Knochen sind auf dreierlei Weise zubereitet: theils gebleicht; theils mit Onoto, dem Pigment der Bixa Orellana, roth gefärbt; theils mumienartig zwischen wohlriechendem Harze in Pisangblätter eingeknetet. Die Indianer versichern, man grabe den frischen Leichnam auf einige Monate in feuchte Erde, welche das Muskelfleisch allmählich verzehre; dann scharre man ihn aus, und schabe mit scharfen Steinen den Rest des Fleisches von den Knochen ab. Dies sei noch der Gebrauch mancher Horden in der Guyana. Neben den Mapires oder Körben findet man auch Urnen von halbgebranntem Thone, welche die Knochen von ganzen Familien zu enthalten scheinen.

Die größeren dieser Urnen sind 3 Fuß hoch und 5½ Fuß lang, von angenehmer ovaler Form, grünlich, mit Henkeln in Gestalt von Crocodilen und Schlangen, an dem oberen Rande mit Mäandern und Labyrinthen geschmückt. Diese Verzierungen sind ganz denen ähnlich, welche die Wände des mexicanischen Pallastes bei Mitla bedecken. Man findet sie unter allen Zonen, auf den verschiedensten Stufen menschlicher Cultur: unter Griechen und Römern, wie auf den Schildern der Otaheiter und anderer Inselbewohner der Südsee; überall, wo rhythmische Wiederholung regelmäßiger Formen dem Auge schmeichelt. Die Ursachen dieser Aehnlichkeiten beruhen, wie ich an einem andern Orte entwickelt habe, mehr auf psychischen Gründen, auf der innern Natur unserer Geistesanlagen, als daß sie Gleichheit der Abstammung und alten Verkehr der Völker beweisen.

Unsere Dolmetscher konnten keine sichere Auskunft über das Alter dieser Gefäße geben. Die mehrsten Skelette schienen indeß nicht über hundert Jahre alt zu sein. Es geht die Sage unter den Guareca-Indianern, die tapferen Aturer haben sich, von menschenfressenden Cariben bedrängt, auf

1 Als ich mich in den Wäldern des Orinoco aufhielt, wurden auf königlichen Befehl Nachforschungen über diese Knochenhöhlen angestellt. Der Missionar der Cataracten war fälschlich beschuldigt worden in diesen Höhlen Schätze aufgefunden zu haben, welche die Jesuiten, vor ihrer Flucht, darin verborgen hätten.

die Klippen der Cataracten gerettet; ein trauriger Wohnsitz, in welchem der bedrängte Völkerstamm und mit ihm seine Sprache unterging. In dem unzugänglichsten Theile des Raudals befinden sich ähnliche Grüfte; ja es ist wahrscheinlich, daß die letzte Familie der Aturer spät erst ausgestorben sei. Denn in Maypures (ein sonderbares Factum) lebt noch ein alter Papagei, von dem die Eingeborenen behaupten, daß man ihn darum nicht verstehe, weil er die Sprache der Aturer rede.

Wir verließen die Höhle bei einbrechender Nacht, nachdem wir mehrere Schädel und das vollständige Skelett eines bejahrten Mannes, zum größten Aergerniß unsrer indianischen Führer, gesammelt hatten. Einer dieser Schädel ist von Blumenbach in seinem vortrefflichen craniologischen Werke abgebildet worden. Das Skelett selbst aber ging, wie ein großer Theil unsrer Naturalien-Sammlungen, besonders der entomologischen, in einem Schiffbruch verloren, welcher an der afrikanischen Küste unserem Freunde und ehemaligen Reisegefährten, dem jungen Franciscaner-Mönche Juan Gonzalez, das Leben kostete.

Wie im Vorgefühl dieses schmerzhaften Verlustes, in ernster Stimmung, entfernten wir uns von der Gruft eines untergegangenen Völkerstammes. Es war eine der heiteren und kühlen Nächte, die unter den Wendekreisen so gewöhnlich sind. Mit farbigen Ringen umgeben, stand die Mondscheibe hoch im Zenith. Sie erleuchtete den Saum des Nebels, welcher in scharfen Umrissen, wolkenartig, den schäumenden Fluß bedeckte. Zahllose Insecten gossen ihr röthliches Phosphorlicht über die krautbedeckte Erde. Von dem lebendigen Feuer erglühte der Boden, als habe die sternenvolle Himmelsdecke sich auf die Grasflur niedergesenkt. Rankende Bignonien, duftende Vanille und gelbblühende Banisterien schmückten den Eingang der Höhle. Ueber dem Grabe rauschten die Gipfel der Palmen.

So sterben dahin die Geschlechter der Menschen. Es verhallt die rühmliche Kunde der Völker. Doch wenn jede Blüthe des Geistes welkt, wenn im Sturm der Zeiten die Werke schaffender Kunst zerstieben, so entsprießt ewig neues Leben aus dem Schooße der Erde. Rastlos entfaltet ihre Knospen die zeugende Natur: unbekümmert, ob der frevelnde Mensch (ein nie versöhntes Geschlecht) die reifende Frucht zertritt.

In den Lüften

Kraterfische

Die Gebirgskette der Andes zählt von den Granit-Kuppen des Feuerlandes bis zu ihrem nördlichsten, dem asiatischen Kontinent nahen Ende, in einer Strecke von zwey tausend Meilen, über vier und fünfzig noch tobende feuerspeyende Berge, deren Phänomene eben so mannigfaltig als ihre Höhe und ihre Lokal-Verhältnisse sind. Nur sehr wenige derselben, und zwar nur die minder kolossalischen, werfen wirkliche Lava aus. Eine solche geflossene, in blumenkohlartigen Formen erstarrte Lava habe ich an dem mexikanischen Vulkane von Jorullo gesehen, der in der schreckenvollen Nacht des 15ten Septembers 1759, von vielen tausend kleinen kegelförmigen Hügeln umgeben, aus der Erde emporgestiegen ist, und sich gegenwärtig vier hundert vier und achtzig Meter (1494 Schuh) über der umliegenden Ebene erhebt. Die vulkanischen Gebirge von Guatimala erzeugen eine so beträchtliche Menge kochsalzsauren Ammoniaks, daß man einen Handel in Mexico damit zu treiben versucht hat. Die feuerspeyenden Berge von Popayan und Pasto sind theils wahre Solfataren, welche Schwefelsäure ausstossen, theils bieten ihre Gipfel dem Auge kleine, mit kochendem Wasser gefüllte Krater dar, über welchen das (durch atmosphärisches Oxygen zersetzte) geschwefelte Wasserstoffgas täglich anwachsende Schwefel-Gewölbe bildet. Die Vulkane von Quito endlich, die größten der Erde, werfen Bimsstein, verschlackte oder an den Kanten erweichte Stücke von Basalt und Obsidian-Porphyr, süßes Wasser, kohlenstoffhaltigen Letten, und eine zähe, kothartige Masse aus, welche acht bis zehn Meilen umher auf Jahrhunderte Unfruchtbarkeit verbreitet. Wahre, in Strömen fließende Lava haben sie, so weit Geschichte und indianische Tradition aufsteigt, nie hervorgebracht. Die kolossalische Größe dieser Vulkane, welche fünfmal die Höhe des Vesuvs übersteigen, und ihre nicht isolirte Lage, sind unstreitig Haupt-Ursachen dieser sonderbaren Anomalie. Es scheint nähmlich als wären, trotz der ungeheuern Intensität ihrer vulkanischen Kräfte, diese letzteren dennoch nicht im Stande, die fließende Lava bis an den hohen Rand des Kraters zu erheben. Dazu sind die Seitenwände dieser Kegelberge, bis zwey tausend acht hundert Meter (1437 Toisen) Höhe, von weiten Gebirgs-Ebenen umgeben, und dadurch dermaßen verstärkt, daß sie nicht, wie der isolirte Ätna und der Pico de Teneriffa, durchbrochen werden können. Asche, Flammen, Rauch, Wasser, Letten, und die sonderbare, fast torfartige, aber erdige und dabey öhl- und ammoniakhaltige Substanz, welche die Indianer *Moya*[1] nennen, und deren Zergliederung Herr Vauquelin bekannt machen wird, sind die Haupterzeugnisse der Vulkane von Quito.

Eben diese feuerspeyenden Berge bieten bisweilen eine noch auffallendere Erscheinung dar. Große mit Flammen begleitete Explosionen sind periodisch und selten. Der Cotopaxi, der Tungurahua und Sangay zeigen sie oft in zwanzig oder dreyßig Jahren nicht einmal; aber in der Zwischenzeit schieben sie aus ihrem Innern, unter gewaltigen Erdstößen, eine ungeheure Masse von weichem Letten heraus, in welchem eine zahllose Menge von kleinen *Fischen* eingehüllt ist. Ich bin nicht so glücklich gewesen, selbst, während des Jahres welches ich in Quito zubrachte, Augenzeuge dieser vulkanischen Überschwemmungen oder breyartigen Ausbrüche zu seyn. Aber die von den Vulkanen ausgeworfenen Fische sind ein so gewöhnliches, allen Einwohnern bekanntes Phänomen, daß an ihrer Existenz keineswegs zu zweifeln ist. Da einige Personen in dieser entlegenen Gegend sich mit naturhistorischen Wissenschaften beschäftigen: so habe ich Gelegenheit gehabt, genaue Nachrichten über Fisch-Auswürfe vieler jetzigen und einiger ehemaligen Vulkane zu sammeln. Viele dieser Nachrichten verdanke ich meinem Freunde, Herrn Juan de la Rea, der ausgezeichnete chemische Kenntnisse besitzt, und die Mineral-Produkte seines Vaterlandes (Quito) sorgfältig gesammelt hat. Andere habe ich in den Archiven der kleinen Provinzial-Städte, welche dem Cotopaxi nahe liegen, aufgezeichnet gefunden; Archive, welche die Epochen großer Erdbeben und Eruptionen für die Nachwelt aufbewahren, und in denen ich deßhalb fleißig nachgeschlagen habe.

Der Cotopaxi warf, am Ende des vorigen Jahrhunderts, so viele Fische

---

1 Die *Moya* von Pelileo, welche ich Herrn Vauquelin zur Zergliederung mitgetheilt, und in deren breyartiger Masse viele tausend Menschen ihren Tod gefunden haben, besteht aus sechs und zwanzig Theilen Kieselerde, zwölf Eisen, sieben Alaunerde, sechs Kalkerde, und sechs und zwanzig Theilen, welche bey der Destillation Wasser, Öhl, Ammoniak und Kohlensäure geben. Frisch hat der Teich ein porphyrartiges Ansehen, in dem ich sehr kleine verwitterte Kristalle von blättrigem Feldspath erkannt habe.

auf die Ländereyen des Marques de Selvalegre um Chillo, daß viele Tage lang die Luft umher mit stinkenden ammoniakalischen Dünsten erfüllt war. Der alte Vulkan Imbaburu spie im Jahr 1691 viele Tausende davon auf die Felder, welche die Villa de Ibarra umgeben. Die Faulfieber, welche damals eintraten, wurden den Miasmen zugeschrieben, welche die Anhäufung dieser an der Sonne faulenden Fische erzeugte. In dem letzten Jahrzehend hat der Imbaburu diese Fisch-Auswürfe wiederholt. Als am 19ten Junius 1698 der große Vulkan Cargueirazo (der an den Chimborazo angelehnt ist) einstürzte, wurde die ganze umliegende Gegend mit lettenartigem Brey überschwemmt, in dem die kleinen Fische eingewickelt waren.

Tungurahua und Cotopaxi, zwey Kegelberge, werfen dieselben bald aus dem Krater selbst, bald aus Seiten-Klüften, stets aber in Punkten aus, die vier tausend fünf hundert bis fünf tausend Meter (2308 bis 2565 Toisen) über dem Meere erhaben sind. Nun haben die umliegenden Gebirgs-Ebenen eine Höhe von zwey tausend drey hundert bis zwey tausend sieben hundert Meter (1179 bis 1383 Toisen). Demnach werden die Fische durch Öffnungen ausgestoßen, die wenigstens zwey tausend zwey hundert Meter (1128 Toisen) höher als die Fläche liegen, auf welche die mit dem Letten herabstürzenden Wasser sie hinschwemmen. Einige Indianer versichern sogar, daß die Fische, indem sie an dem Abhange der vulkanischen Kegelberge herabgleiten, bisweilen noch lebendig sind. Dieses Factum scheint mir aber nicht gehörig ergründet zu seyn. So viel ist indeß gewiß und sehr merkwürdig, daß von den vielen tausend Fischen, welche man in wenig Stunden mit Strömen von kaltem und süßem Wasser vom Cotopaxi herab kommen sieht, kein einziger verunstaltet oder so beschaffen ist, daß man glauben könne er sey einem hohen Wärmegrade ausgesetzt gewesen. Diese Betrachtung ist um so auffallender, als das Fleisch dieser Thiere sehr weich ist, und der Vulkan oft zugleich eine dicke Rauchsäule ausstößt.

Alle Einwohner von Quito kommen darin mit einander überein, daß die von den feuerspeyenden Bergen ausgestoßenen Fische identisch mit den *Preñadilla* sind, welche man am Fuße dieser Berge in allen Bächen und stehenden Wassern findet. Eine genaue Beschreibung dieses Fisches schien mir daher überaus wichtig, um so mehr da er der einzige ist, welchen man in der Provinz Quito, oberhalb drey tausend Meter (1539 Toisen) findet, und der daher dem Gipfel der Andes noch näher kommt, als der *Astroblepus Grixalvii* und *Eremophilus Mutisii.*

Die *Preñadilla*, welche ich am Tungurahua in dem indianischen Dorfe Penipe gezeichnet, habe ich als eine unbeschriebene Art der Gattung *Silurus* erkannt. Herr Lacépède, den ich darüber zu Rathe gezogen, hat gewünscht, daß ich sie der fünften Abtheilung der *Siluri*, den *Pimeloden*, beygeselle.

Die *Preñadilla* der Andes von Quito ist olivengrün und zart schwarz gefleckt. Ihr Körper ist horizontal, oder in der Breite platt gedrückt. Ihr Maul ist sehr groß, und mit zwey an den Kinnladen befestigten Bart-Fasern versehen. Die Nasenlöcher sind rohrförmig und gerändelt; die Augen sehr klein, und in der Mitte des Kopfes. Die ganze Haut des Fisches ist mit einer glänzenden, klebrigen Feuchtigkeit überzogen. Die Zähne sind borstenartig und sehr fein gespitzt. Die Kiefernhaut (*Membrana branchialis*) hat vier Blätter, wie beym *Pimelodes chilensis. Pinna pectoralis radiis* 9, *ventralis radiis* 5, *dorsalis prima radiis* 6, *secunda adiposa, analis radiis* 7, *caudalis bifida radiis* 12. Die Länge der *Preñadilla* ist zehn Centimeter (4 Zoll). Eine Varietät aber erreicht kaum die Hälfte dieser Größe.

Im ichthyologischen Systeme muß diese neue Art der Gattung *Pimelodes* in Lacépède's erster Unter-Gattung, welche die *Pimeloden* mit gegabeltem Schwänze (*cauda bifida*) in sich begreift, aufgestellt werden. Sie ist die einzige Species mit zwey Bart-Fäden, und wird daher auch, als die erste der genannten Unter-Gattung, unmittelbar vor dem *Pimelodes bagre* stehen.

PIMELODES CYCLOPUM.

P. Cirris duobus, corpore olivaceo nigro punctato; pinnarum radio anteriori serrulato; membrana branchiostegia, radiis quatuor

Dieser kleine Fisch wird bis drey tausend vier hundert Meter (1744 Toisen) Höhe in Gebirgs-Bächen gefunden, in denen das Thermometer oft zu sechs oder sieben Grad herabsinkt, während daß andere Arten derselben Gattung *Pimelodes* in der Ebene in Wassern leben, deren perpetuirliche Temperatur sieben und zwanzig Grad ist. Wegen seines schleimigen, eckelhaften, Sirinus-artigen Ansehens, wird der *Pimelodes cyclopum* nur von der dürftigsten Volksklasse der Indianer im Königreich Quito gegessen.

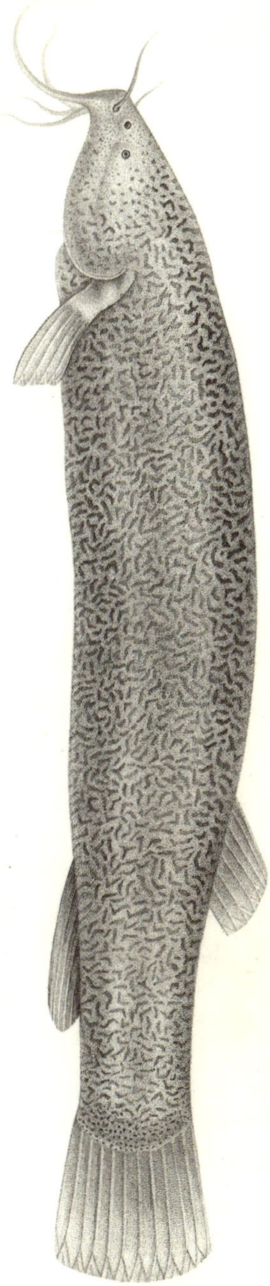

Eremophilus mutisii.

Wenn man die ungeheure Menge von *Preñadillen* betrachtet, welche die Vulkane der Andes, zwischen 1° nördlicher und 2° südlicher Breite, von Zeit zu Zeit auswerfen: so darf man nicht zweifeln, daß daselbst in dem Innern der Erde beträchtliche Seen existiren, welche diese unterirdischen Fische enthalten. Denn der Theil dieser Fische, welcher sich in den Bächen und kleinen Teichen über Tage findet, ist sehr geringe. Es ist ferner wahrscheinlich, daß diese Bäche mit jenen unterirdischen, sich durch Erdbeben und vulkanische Explosionen erweiternden Wasserbehältern in Verbindung stehen, und daß die ersten *Pimeloden* durch jene in diese stromaufwärts gezogen sind. So findet man in Europa häufig Fische in den Wasserseigen der Stollen. In Derbyshire habe ich im Innern des Kalkgebirges fischen sehen. In Franken, unfern Gailenreuth und Muggendorf, wo Bären- und Löwen-Knochen gemengt vergraben liegen, sieht man Forellen in Höhlen, welche heut zu Tage mit keinem Fluße kommuniciren, und sogar über dem Spiegel der benachbarten Wasser beträchtlich erhaben sind. Im Königreiche Quito verkündigen viele Erscheinungen die Existenz ungeheurer unterirdischer Weitungen. Jedes stärkere Erdbeben ist, besonders am Riobamba, Llactagunga und Pelileo, mit krachendem Getöse begleitet. Bisweilen glaubt man Felsmassen, unter seinen Füßen klirrend, herabstürzen zu hören. In den trockensten Grasfluren, fern vom ewigen Schnee, selbst fern von den vulkanischen Gipfeln, öffnet sich häufig die Erde, und wirft eine so große Menge süßen Wassers aus, daß das Land weit umher in einen See verwandelt wird. Alles bezeugt, daß das hohe Gebirgsplateau von Quito gleichsam ein ungeheures Gewölbe ist, unter dem, in abgesonderten Concamerationen, Wasser und Feuer ihre streitenden Kräfte üben.

Sieht man aber auch ein, wie diese Concamerationen als unterirdische Seen sich nach und nach mit *Pimeloden* gefüllt haben, und wie diese Fische sich darin (auf Lettenboden) vom fein zertheilten Schlamme nähren: so ist es weniger leicht zu begreifen, wie dieselben von den Vulkanen zwey tausend sechs hundert Meter (8000 Schuh) hoch, theils aus dem Krater, theils daneben aus Seiten-Klüften ausgespieen werden können. Leben sie ursprünglich in dieser Höhe, oder werden sie aus tieferen Gegenden durch vulkanische Kräfte aufwärts getrieben? Existiren die *Pimeloden* eben dort, wo wir sie hervorkommen sehen: so fragt sich welche Erd-Revolutionen man anneh-

Pimelodus cyclopum (links). Astroblepus grixalvii (rechts)

men soll, um zu erklären, daß unterirdische Seen in einer so wunderbaren Lage, an dem Abhange eines oft erhitzten, zum Theil selbst von dem Vulkane aufgethürmten Kegels, mit Fischen belebt worden sind. Oder bewohnen diese letzteren Höhlungen, welche von dem Sitze des Feuers entfernt sind? Ist es Luft Verdichtung oder Druck heißer elastischer Dämpfe, welche Wasser und Fische zu so beträchtlichen Höhen stufenweise erhebt? Auf was für Wegen sie auch immer an das Licht kommen: so zeigt ihr unveränderter Zustand, daß die höchsten und furchtbarsten Vulkane der Erde von Zeit zu Zeit konvulsivische Bewegungen erleiden, bey welchen die Entbindung von Wärmestoff weit geringer ist, als man es nach Analogie der europäischen Vulkane vermuthen sollte; Bewegungen, die um so auffallender sind, da sie bisweilen nicht einmal von Erdbeben begleitet werden.

Der vor drey Jahren verstorbene Corregidor der Villa de Ibarra schrieb mir in einem Briefe (den ich noch aufbewahre) folgende merkwürdige Nachricht über die *Preñadillen.* »Es ist allen Einwohnern meines Städtchens bekannt, daß der Vulkan von Imbaburu, als er seine große Eruption gegen Ibarra hin machte, eine Menge Fische auswarf; und noch gegenwärtig fährt er fort es von Zeit zu Zeit in sehr nassen Jahren zu thun. Daß die *Preñadillen* im Innern des Berges leben, erkennt man daran, daß bey dem Dorfe S. Pablo die Indianer sie in einem Bache fangen, da wo er aus dem Felsen ausbricht. Merkwürdig ist dabey, daß dieser Fischfang nur in dunkeln Nächten gelingt; denn bey Tage und bey Mondhelle kommen die Fische nicht aus dem hohlen Vulkane heraus.«

Wahrscheinlich ist das Licht, welches den in den Flüssen um Quito und Llactagunga lebenden *Pimeloden* unschädlich ist, ihren unterirdischen Brüdern als ungewohnter Reitz (wie den Gruben-Pflanzen) nachtheilig.

Ich halte es für hinlänglich, auf ein wichtiges und, so viel ich weiß, wenig bekanntes Faktum aufmerksam gemacht zu haben, ohne über den ursprünglichen Sitz der cyclopischen *Pimeloden* selbst zu entscheiden. Die geheimnißvollen Erscheinungen des vulkanischen Feuers können nicht vorsichtig genug beurtheilt werden. Trotz aller neueren Bemühungen der Naturforscher, ist doch eigentlich nur das oryktognostische Studium der vulkanischen Produkte vervollkommnet worden. In der Kenntniß dessen, was in dem Innern der feuerspeyenden Berge, brennend oder gährend, die vom Krater eingeathmete Luft zersetzt; in der Kenntniß des vulkanischen Feuers und seiner wunderbaren Eigenschaften im Flüßigmachen, Erweichen, Auflösen und Wiedergestalten, sind wir seit einem halben Jahrhundert fast um gar nichts weiter gelangt. Physiker, die selbst den Rand der vulkanischen Kratere besucht haben, und sich nicht scheuen Naturerscheinungen lieber noch unerklärt zu lassen, als sich mit kleinlichen Halberklärungen zu begnügen; solche selbst beobachtende Physiker werden mit mir eingestehen, daß alles was die Vulkane betrifft, für den Geologen noch in eben so tiefes Dunkel gehüllt ist, als die sogenannten materiellen Substrakte der Ansteckung für den Pathologen.

Kondore

Es ist in der That auffallend, daß einer der größten Vögel der Erde, daß ein Thier, welches Gegenden bewohnt, die von den Europäern seit drey Jahrhunderten besucht werden, bis jetzt noch so unvollkommen bekannt ist. Die Beschreibungen, welche man von dem Condor in den Berichten der Reisenden und in den Schriften der neusten Naturforscher findet, sind voll von Widersprüchen und Unwahrheiten. Einige übertreiben die Größe und die Wildheit desselben; andere verwechseln ihn mit verwandten Arten, oder nehmen die Verschiedenheiten, welche Wohnort und Alter hervorbringen, für diagnostische Charactere der beyden Geschlechter. Einer der größten Naturhistoriker unsers Jahrhunderts, H. Cuvier[1], nachdem er alles, was über die Gestalt des Condors geschrieben worden, sorgfältig mit einander verglichen hat, sagt ausdrücklich: »Einige Schriftsteller geben dem Condor braune Federn und einen mit Pflaum bedeckten Kopf; andere schwarzes und weißes Gefieder und einen fleischigen Kamm auf der Stirne: man hat ihn bis jetzt noch nie genau beschrieben.« Nach der Versicherung des Doctors Shaw ist das *Museum Leverianum* in London das einzige Kabinet in Europa, worin sich der Condor findet; von den beyden Zeichnungen aber, welche dieser schätzbare Gelehrte von dem Condor gegeben hat[2], erinnert indeß nur die zweyte, und zwar unvollkommen, an den großen Geyer der Andes; dem Kopfe fehlt alles Charakteristische, er gleicht eher einem Hahnenkopf, als dem Kopfe des peruanischen Condors. Buffon hat es gar nicht gewagt, eine Zeichnung zu geben, und die, welche man in der Zweybrücker Ausgabe seiner Werke hinzugefügt hat, ist unter aller Kritik.

---

1 *Tableau élémentaire de l'Hist. Nat. p.* 19.

2 *Musei Leveriani explicatio* 1796. *vol. I. p.* 5. Sollte sich nicht der Condor in dem schönen Naturhistorischen Kabinet zu Madrit befinden, welches durch die Reisen der Herren *Ruiz* und *Pavon* errichtet worden ist? Ob ich ihn darin im Jahr 1798, als ich mich in Spanien aufhielt, wirklich gesehen habe, erinnere ich mich leider! nicht bestimmt.

3 *Vocabulario del Padre Diego Gonzalez Holguin. (Lima* 1608*) p.* 33.

Da ich mich siebzehn Monathe lang in dem Gebirge aufgehalten habe, welches die Heimath dieses schönen Vogels ist, und da ich ihn fast bey jeder Excursion, welche wir, Herr Bonpland und ich, über die Gränze des ewigen Schnees hin aus unternahmen, zu sehen Gelegenheit fand: so glaube ich der Wissenschaft einen Dienst zu thun, wenn ich die detaillirte Beschreibung und die Zeichnungen bekannt mache, die ich vom Condor an Ort und Stelle entworfen habe.

Ich eile hiermit um so mehr, da mir, seit meiner Zurückkunft nach Europa, von vielen Naturforschern Fragen über diesen Gegenstand zugekommen sind, und ich mir schmeicheln darf mit einiger Zuverläßigkeit über ihn reden zu können.

Der Name *Condor* ist aus der Guichua-Sprache entlehnt, welche die allgemeine Sprache der Yncas war. Man sollte eigentlich *Cuntur* schreiben, wie schon andere bemerkt haben: denn die Europäer verwandeln das *u* und *t* der Peruaner durch eine fehlerhafte Aussprache in *o* und *d*, so wie das peruanische *hua* in *gua*. So sagt man häufig: der Vulkan von *Tonguragua,* statt von *Tungurahua*; und eben so: die Cordilleren der *Andes*, statt: der *Anti*. Ich vermuthe selbst, daß Cuntur von *Cuntuni* herstammt, welches in der Guichua-Sprache *gut riechen, einen Geruch nach Früchten, Fleisch oder andern Nahrungsmitteln verbreiten*, bedeutet. Diese Sprache ist so reich, daß sie drey Neutra[3] hat: *mucani*, *cuntuni* und *aznani*; das erstere bedeutet riechen überhaupt, ohne die Beschaffenheit des Geruchs, ob er gut oder schlecht sey, zu bestimmen. Das zweyte bedeutet wohlriechend seyn, und das dritte stinken. Da nun nichts im Condor mehr auffällt, als die außerordentliche Empfänglichkeit für den Geruch des Fleisches, das er von weitem her wittert, so ist es dem Etymologen wohl erlaubt, zu glauben, daß *cuntur* und *cuntuni* von einem unbekannten Wurzelwort abstammen. Ich behalte indeß hier den Namen Condor bey, um nicht neue Zweifel über die Identität des Vogels, den ich beschreibe, mit dem, von welchem man so viel gefabelt hat, zu veranlassen.

Der Condor gehört zu derjenigen Familie der Raubvögel (*accipitres*), deren Hals nur unten mit Federn, oben dagegen mit Pflaum bedeckt oder nackt ist; eine Familie, welche Herr *Duméril* in seinem vortrefflichen *Tableau de Zoologie analytique* mit dem Namen *Ptiloderes* oder *Nudicolles*

Der männliche Condor (*Vultur gryphus*, Lin.)
Der Kopf des vielhoernigen Schaafes dient als Maaßstab.

belegt. Herr Duméril trennt den Condor vom Geschlechte *Vultur*, und vereinigt ihn mit dem *Papa* und dem *Oricou* zu einer neuen Gattung unter dem Namen *Sarcoramphus.* Diese Trennung scheint mir sehr richtig zu seyn. Die fleischigen Häute oder Lappen (*carunculi*), welche ihren Schnabel krönen, sind ohne Zweifel ein sehr unterscheidendes Merkmahl. Mehrere der Linneischen Gattungen der Passeres und Pici beruhen auf Charakteren, die minder wesentlich sind. Auch wird man aus der folgenden Beschreibung sehen, daß der Condor nach Storch weder ein *Gryphus* oder *Gypætos*, noch ein *Falco* ist, wie einige neuere Gelehrte behauptet haben.

Der Condor hat in seiner ersten Jugend keine Federn; mehrere Monathe lang ist sein Körper bloß mit einem sehr feinen Pflaum, oder mit einem weißlichen gekräuselten Haare bedeckt, welches dem Haar der jungen Steineule gleicht. Dieses verstellt den jungen Vogel so, daß er fast größer scheint, als wenn er erwachsen ist. Die Federn eines zweyjährigen Condors sind nicht schwarz, sondern von einem falben Braun. Das Weibchen hat bis zu diesem Alter den weißen Kragen nicht. Dieser wird am untersten Theil des Halses durch weiche Pflaumfedern, die länger als die andern sind, gebildet. Die Spanier nennen ihn Golilla. Diese Veränderungen im Äußern des Condors nach seinem Alter, haben viele Naturforscher, und selbst einige Einwohner von Peru, verführt, zu behaupten, es gebe zwey Arten von Condor, schwarze und braune (*Condor negro y Condor pardo*). Wir haben selbst in Quito Leute getroffen, die uns versicherten (wie es Gmelin[4] und der Abt Molina[5] thun) der weibliche Condor unterscheide sich vom männlichen dadurch, daß ihm nicht bloß der Kamm auf der Nase, sondern zugleich auch der Kragen fehle. Wir haben diese Behauptung durch die Natur widerlegt gefunden. Zu Riobamba, einer Stadt, welche in der Nähe des Chimborazo liegt, um den Cotopaxi und Antisana, ist den Jägern der Einfluß des Alters auf die Gestalt und Farbe des Condors bekannt. Ihnen verdanken wir richtigere Begriffe von diesen Varietäten.

Der Geyer der Anden sezt mehr durch seine Kühnheit und durch die

---

4 *Linn. Syst. Nat.* 1788, *vol. I. p.* 245.

5 *Hist. nat. du Chili, l.* 4. *n.* 19.

Kopf und Klaue des Condor, in natürlicher Groeße.

unglaubliche Kraft, welche er im Schnabel, in den Flügeln und besonders in den Klauen hat, in Erstaunen, als durch seine Größe. Im Salzburgischen, wo ich mich einige Jahre früher, ehe ich die Kette der Anden bereiste, aufgehalten habe, sind mir bey Berchtolsgaden Lämmergeyer (*Vultur barbatus Lin.*) vorgekommen, die völlig so groß waren als der Condor. Der Schnabel des Condors ist gerade, und nur am Ende gekrümmt; die untere Kinnlade ist sehr viel kürzer, als die obere; und die Farbe seines ungeheuern Schnabels ist vorn weiß, übrigens aber gräulich-braun, nicht schwarz, wie Linne behauptet. Kopf und Hals sind nackt, und mit einer harten, trocknen und runzlichen Haut bedeckt, die an sich röthlich, hier und da aber mit dünnen, braunen oder schwarzen sehr steifen Borsten besetzt ist. Der Schädel ist zu oberst auffallend abgeplattet, wie bey allen sehr wilden und bösartigen Thieren. Herr Gall würde sagen, das Organ der Gutmüthigkeit fehle hier ganz.

Das sinnreiche kraniologische System war mir noch nicht bekannt, als ich mich in Peru aufhielt, und der Schädel des Condors ist mir mit andern Sachen am Amazonenflusse verloren gegangen. Ich kann daher nicht sagen, ob dieser Bewohner der höchsten Gebirge, der sich bis zur Spitze des Chimborazo zu erheben und in Höhen zu schweben pflegt, welche die Höhe der Wolken über unsern Ebnen um das Sechsfache übertreffen, die längliche Erhabenheit mitten auf der *Sutura sagittalis* der Hirnschale hat, die sich bey dem Adler und bey den Gemsen findet, und die nach Herrn Gall das Organ des Höhesinns seyn soll. Es ist genug, daß ich andere Reisende auf diesen interessanten Gegenstand aufmerksam mache.

Der fleischige oder vielmehr knorpliche Kamm des Condors nimmt den obersten Theil seines Kopfes und den vierten Theil der Länge seines Schnabels ein. Dieser Kamm fehlt dem Weibchen ganz; Daudin[6] hat Unrecht, wenn er das Gegentheil behauptet. Er ist länglich, runzlich, sehr dünn, und steht auf der Stirn und auf dem hintern Theile des Schnabels auf. Hier ist der Kamm indeß wie ausgehölt, und in dieser Leere befinden sich die Nasenlöcher des Thiers, das ohne diesen Ausschnitt nur einen sehr schwachen Geruch haben könnte. Die Haut des Kopfs des Männchens bildet hinter dem

---

6 *Daudin Ornithologie, t.* 2. *p.* 9.

Auge Falten oder fleischige Runzeln, welche nach dem Halse hinuntergehen, und sich in einer schlaffen Haut endigen, die das Thier nach Gutdünken anschwellen kann, ungefähr wie unser Truthahn. Ich muß indeß bemerken, daß der Kamm des Condors weder dem Kamm des Hahns, noch dem schlaffen kugelförmigen Lappen des *Meleagris gallopavo* gleicht. Er ist sehr hart, fast lederartig, enthält nur höchst wenig Gefäße, und kann nicht aufschwellen. In anatomischer Hinsicht zeigt er keine Ähnlichkeit mit den großen Lappen des Geyerkönigs (*Vultur Papa*). Das Ohr des Condors hat eine große Öffnung, die indeß unter den Falten der Haut an den Schläfen versteckt liegt. Das feurige Auge ist sehr langgezogen, liegt weiter vom Schnabel ab als beym Adler, und hat eine Purpurfarbe. Am ganzen Halse zeigen sich parallele Falten; doch ist die Haut hier minder schlaff, als da wo sie die Kehle bedeckt. Die Falten gehen nach der Länge des Halses, und entstehen dadurch, daß der Geyer seinen Hals zu verkürzen und in den Kragen (*golilla*) einzuziehen pflegt. Dieser Kragen, der beym erwachsenen Weibchen weder kleiner, noch minder weiß als beym Männchen ist[7], besteht aus einem schönen seidenartigen Pflaum. Er umgiebt in Gestalt eines weißen Ringes den Hals, und trennt den nackten Theil des letztern von dem übrigen Körper des Vogels, der mit wahren Federn bedeckt ist. Linne und Daudin behaupten ohne Grund, dieser Kragen fehle dem Weibchen. In beyden Geschlechtern ist der Kragen vorn nicht vollständig geschlossen. Er hat hier einen nackten Streifen, der bis zu den schwarzen Brustfedern herabgeht. Doch muß man sehr in der Nähe seyn, um gewahr zu werden, daß der Pflaum des Kragens nach vorn zu unterbrochen ist; so wenige Breite hat die pflaumlose Stelle. Molina versichert, das Weibchen des Condors sey mit einem kleinen Busch weißer Federn am Nacken geziert; dieses ist indeß von mir bey keinem der vielen Weibchen bemerkt worden, die ich in der Andeskette gesehen habe.

Der übrige Theil des Vogels, der Rücken, die Flügel und der Schwanz, sind von einem Schwarz, das etwas ins Graue spielt. Es ist falsch, daß der

7 Die Naturforscher in Europa hätten schon aus der Reise des Abbé *Courte de la Blanchardière* (1751. p. 101.) ersehen können, daß die Condor ohne Kamm, welches die Weibchen sind, einen weißen Kragen oder Ring um den Hals haben.

Rücken des Männchens weiß sey, wie mehrere Naturhistoriker und selbst der Abt *Molina* sagen; es scheint nur so, wenn man vom hohen Gebirge herab den Vogel unter sich schweben sieht, weil dann die weißen Flecke, welche durch die Deckfedern gebildet werden, bey dem zurückgeworfenen Lichte ineinander fließen. Manchmal sind die Federn des Condors glänzend schwarz, mehrentheils spielt jedoch ihr Schwarz ins Graue. Ihre Gestalt ist ein Dreyeck, und sie decken eine die andere nach Art der Dachziegel. Die ersten oder Hauptschwungfedern (*remiges*) sind bey allen Condorn schwarz, und die Hülfsschwungfedern beym Weibchen haben, wie beym Männchen, äußerlich einen weißen Rand. Desto sichtbarer ist der Unterschied der Geschlechter in den Deckfedern (*tectrices*); sie sind im Weibchen schwarzgrau, im Männchen ist ihre Spitze und selbst die halbe Feder weiß, so daß der Flügel des Männchens mit einem großen Fleck oder Spiegel von einem schönen Weiß, geziert zu seyn scheint. Dieß ist ein sehr zuverläßiges Unterscheidungszeichen der beyden Geschlechter. Der Schwanz ist bey beyden keilförmig, ziemlich kurz und schwärzlich.

Die Füße sind sehr stark, gräulich blau, und mit weißen Runzeln geschmückt. Die Klauen sind schwärzlich, wenig gekrümmt, aber ungeheuer lang. Eine sehr schlaffe Haut vereinigt die vier Zehen jedes Fußes mit einander. Die vierte Zehe ist sehr klein und ihre Kralle krümmer.

VULTUR GRYPHUS, LINN.
SARCORAMPHUS CUNTUR, DUMÉRIL.

V. Caruncula verticali oblonga integra, gula nuda, torque alba, reliquo corpore ex atro cinerascente.

Rostrum aduncum, ex cinereo fuscescens, usque ad mediam partem antreriorem album, mandibula superiori inferiorem superanti. Nares ovato-lineares, nullis pilis circumdati, cœlum respicientes, sub caruncula verticali, ubi hæc rostro non adhæret, latentes. Lingua integra, cartilaginea, membranacea, ovato-cuneata, subtus concava, margine spinuloso-serrata. Aures magnæ subrotundæ, sub membranæ temporalis rugis latentes. Irides purpureæ.

Caput et colli pars nuda, præsertim gula ex cinereo-rubescens, rugosa, pilis nigrofuscis rigidiusculis brevibus passim obsita. In mare cutis, quæ caput et colli partem tegit superiorem, rugosior, in carunculam gularem dilatata, plicis in gula transversaliter, in collo longitudinaliter parallelis. Mari quoque soli caruncula verticalis, longitudine capitis, oblonga, sinuata, integerrima, erecta, cartilaginosa, subcarnosa, cinerea, subrugosa, vertici, fronte et parte rostri posteriore arcte adhærens, ita tamen ut aëri ad nares liberum relinquat aditum. Feminæ caruncula verticalis nulla et facies minus rugosa. Torques albus colli partem pennis vestitam a parte nuda dividit, plumisque mollibus brevibusque dense tegitur. Sub jugulo tamen stria impennis longitudinaliter per torquem a gula ad pedes usque descendit. Avis reliqua, truncus et artus ex atro cinerascentes, pennisque triangularibus, supra convexis, subtus concavis, imbricatim obtecti. Remiges in utroque sexu, primores 7. aterrimi, secundarii 27. latere exteriori albo marginati. In remigibus primoribus penna tertia reliquis omnibus longior. Tectrices in femina cinerascentes, in mare parte media et apice albi, ut speculum niveum in ala maris efformetur. Cauda cuneata brevis, ex atro cinerascens, vectricibus decem subæqualibus. Pedes cinerei subcærulescentes, squamis atris tecti, venisque albescentibus dædaleis picti. Digiti quatuor, quorum unus brevissimus. Ungues atro-cinerei rectiusculi. Digiti ad basin membrana laxe intertexta instructi.

Differt mas a femina 1°. caruncula verticali; 2°. capite et gula rugis atque sulcis magis exarata, 3°. pennis alarum tectricibus medio et apice albis, nec cineracentibus.

Folgendes sind die Dimensionen eines weiblichen Condors, der am Vulkan von Pichincha getödtet worden war, wie ich sie durch genaue Messung[8] gefunden habe:

Länge des Weibchens von der Spitze des Schnabels bis an das Ende des Schwanzes 1,028 M. oder 3' 2".

8 Ich bezeichne 5 Meter durch 5 M.
3 Toisen durch 3 T.
2 Fuß 3 Zoll 4 Linien Pariser Maaß durch 2' 3" 4"'.

Länge des Schnabels 0,049 M. oder 1" 10'''.

Durchmesser des Auges 0,013 M. oder 6'''.

Dicke des Kopfs 0,083 M. oder 3" 1'''.

Breite des Kragens oder der weißen Halskrause 0,056 M. oder 2" 1'''.

Länge mit ausgespannten Flügeln 2,625 M. oder 8' 1", denn jeder Flügel war 3' 8" lang, und die Breite des Vogels betrug 9".

Die längste Schwungfeder hielt 0,703 M. oder 2' 2"; die Hülfsschwungfedern maßen 0,378 M. oder 14".

Länge des Schwanzes 0,351 M. oder 1' 1".

Nackter Theil des Fußes 0,270 M. oder 10".

Durchmesser des Schienbeins 0,018 M. oder 8'''.

Länge der mittelsten Zehe 0,139 M. oder 5" 2'''; der beyden äußern Zehen 0,067 M. oder 2" 6'''; der vierten und kürzesten Zehe 0,040 M. oder 1" 6'''.

Länge der Krallen der drey großen Zehen 0,027 M. oder 11''' bis 12'''.

In der neuen Stadt Riobamba, welche nach dem fürchterlichen Erdbeben von 1797 in dem großen Thale von Tapia erbaut ist, fanden wir Gelegenheit einen männlichen Condor auszumessen, der auf dem östlichen Abhange des Chimborazo gefangen worden. Er war etwas größer, vielleicht auch etwas älter, als das Weibchen vom Vulkan Pichincha. Folgendes sind die Dimensionen, wie ich sie mit Sorgfalt im Junius 1802 maß:

Länge des Kopfs vom Hintertheile bis an die Spitze des Schnabels 0,184 M. oder 6" 11'''.

Länge des Schnabels 0,074 M. oder 2" 9'''. Breite des geschloßnen Schnabels 0,031 M. oder 1" 2'''.

Länge des Kamms 0,128 M. oder 4" 9'''; Breite 0,038 M. oder 1" 5'''; Dicke 0,001 M. oder ½'''.

Länge des Vogels von der Spitze des Schnabels bis an das Ende des Schwanzes 1,059 M. oder 3' 3" 2'''. Höhe des sitzenden Vogels, wenn er den Hals nur mittelmäßig verlängert hat, 0,865 M. oder 2' 8".

Breite des Kragens oder der weißen Halskrause 0,058 M. oder 2" 2'''.

Länge der ausgedehnten Flügel 2,841 M. oder 8' 9".

Klauen: Dicke der Tibia 0,024 M. oder 11'''; Länge der mittlern Zehe ohne Kralle 0,105 M. oder 3" 11'''; der Kralle 0,054 M. oder 2". Länge der beyden Seitenzehen mit der Kralle 0,096 M. oder 3" 7''', ohne Kralle 0,060 M. oder 2" 3'''.

Länge der kleinsten Zehe mit der Kralle 0,043 M. oder 1" 8"' Durchmesser des Knochens der mittlern Zehe, wo er am breitesten ist, 0,018 M. oder 8"'.

Jeder Naturforscher wird sich verwundern, in diesen Dimensionen, welche ich vom Condor gebe, einen Vogel zu finden, der nicht größer ist, als die größten Vögel in Europa. Ich habe keinen Condor gesehen, der mit ausgebreiteten Flügeln über 3 M. oder 9 Fuß lang gewesen wäre. Viele glaubwürdige Bewohner der Andes im Königreiche Quito haben mir versichert, nie einen Condor getödtet zu haben, der, auf eben die Art gemessen, 11 Pariser Fuß übertraf. Unter denen, welche jene Gegenden als Naturforscher bereist, und selbst einen Condor beobachtet haben, legen nur wenige diesem Geyer der Cordilleren eine außerordentliche Größe bey. Der Pater Feuillée[9], dessen Genauigkeit bey allen Gegenständen der beschreibenden Naturgeschichte ich nicht genug rühmen kann, tödtete in Peru, im Thale von Ylo südlich von Arequipa, einen Condor, der mit ausgespannten Flügeln 11' 4" maß. Vergleicht man die Maaße, welche er von den verschiedenen Theilen des Vogels giebt, mit denen, die ich gefunden habe: so zeigt sich, daß wir, bis auf die Länge des Schnabels, vollkommen übereinstimmen. Der Condor des Paters Feuillée scheint ein Weibchen gewesen zu seyn, denn er erwähnt keines Kamms. Der männliche Condor, welchen Fresier[10] gemessen hat, hielt mit ausgespannten Flügeln ebenfalls nur 9 Fuß. Nach dem, was ich selbst in Quito und in Peru beobachtet habe, kann ich nicht mit Buffon glauben, daß die von Feuillée und Fresier beschriebenen Condor sehr klein und jung gewesen sind, und ich zweifle sehr, daß es Vögel dieser Gattung giebt, die mit ausgebreiteten Flügeln 14 Pariser Fuß messen. Der, welchen der Doctor Strong (nach Ray's Synopsis) in Chili nahe bey der Insel Mocha tödtete, hatte mit ausgebreiteten Flügeln 12' 2", und der vom Doctor Shaw beschriebene Condor im Museum Leverianum zu London, hat eine Länge von 14 englischen, das ist von 13 Pariser Fuß. Dem Abt Molina scheint diese Größe die äußerste zu seyn, die ein Condor je erreicht. Ältere Reisende, die weniger genau sind, und denen die Naturgeschichte minder am Herzen lag, übertreiben diese Maaße sehr. So, zum Beyspiel, versichert uns der Pater Abbeville, der Condor sey noch einmal so groß als der größte Adler. Desmarchais erzählt, der Condor sey mit ausgespannten Flügeln 18 Fuß lang; die ungeheure Länge seiner Flügel hindere ihn, in Wälder einzudringen; er greife Menschen an, und entführe Hirsche. Diese Übertreibungen dürfen uns bey Reisenden nicht Wunder nehmen, welche nicht selbst beobachteten, wie der Pater Feuillée, sondern nur Volkssagen sammelten und niederschrieben. Marco Polo erzählt, der Vogel Roc in Madagaskar entführe Elephanten durch die Luft[11]. Herodot kennt Ameisen, welche kleiner als Hunde, aber größer als Füchse sind. Selbst in unsern Tagen kann man gegen Übertreibungen der Gestalt und Größe nicht genug auf seiner Hut seyn. Wollte man zum Beyspiel dem Glauben beymessen, was die Eingebornen auf gutes Glück versichern: so würde man sich überreden laßen, daß es in Ägypten und Südamerika Crocodille gebe, die 30 bis 40 Fuß lang sind; indeß die Reisenden, welche selbst gemeßen, keins gefunden haben, das über 22 bis 28 Fuß lang gewesen wäre.

Aus allem dem, was ich über die Maaße des Condors angeführt habe, folgt, daß dieser Vogel nicht größer ist, als der Lämmergeyer (*vultur barbatus*), der die Central-Gebirgskette Europas bewohnt, und mit welchem Buffon und Molina den Condor fälschlich zusammengeworfen haben. Es verhält sich mit dem Condor, wie mit den Patagonen, und mit so vielen anderen Gegenständen der beschreibenden Naturgeschichte. Je genauer man sie untersucht hat, desto kleiner sind sie geworden. Die mittlere Länge des Condors von der Spitze des Schnabels bis an das Ende des sehr kurzen Schwanzes ist nur 1,05 M. oder 3' 3", und mit ausgedehnten Flügeln umspannen sie gewöhnlich nur 2½ bis 3 M. oder 8 bis 9 Pariser Fuß. Einzelne, die bessere

9 *Journal de Feuillée, p.* 640.

10 *Voyage de Fresier, p.* 111.

11 Dieser Adler *Ruc* findet sich nach Marco Polo auf den Inseln, welche südlich von Madagaskar liegen. Ein Diener des *Cham Cublai,* den die Einwohner dieser Inseln zum Gefangenen gemacht hatten, erzählte, der Ruc habe Federn von 12 Schritten Länge: »*Avis vero ipsa tantæ fortitudinis, ut sola, sine aliquo adminiculo, elephantem capiat et in sublime sustollat atque rursus ad terram cadere sinat, quo carnibus ejus vesci possit.*« Marco Polo fügt hinzu, er habe lange Zeit geglaubt, der Ruc sey ein Greif, der, *wie alle Welt wisse,* ein befiederter Löwe mit einem Adlerkopfe sey. (*Pauli Veneti de reg. or. lib. III. c.* 40. *Grynæi Nov. Orb.* 1532. *p.* 41 I.) Der Name Ruc, unter welchem die alten Naturhistoriker alle große Geyer begriffen haben, kömmt vom Persischen *Rhoc,* und bedeutet *Held.* Die Vorstellungen, welche man sich von diesen Vögeln machte, stehen mit mythologischen Fictionen in Verbindung.

Nahrung finden, oder was der Grund sonst sey, erreichen mit ausgespannten Flügeln eine Länge von 13 bis 14 Fuß. Der Lämmergeyer der Schweizer und Tyroler Alpen hat in der Regel eine Länge von 4 Fuß, von der Spitze des Schnabels bis an das Ende des Schwanzes, und mit ausgebreiteten Flügeln umspannt er gewöhnlich 7 bis 8 Fuß nach Bechstein[12], und 9 bis 10 Fuß nach Gmelin. Man hat einzelne gesehen, die von dem einen Ende des Flügels bis zu dem andern 4,53 M. oder 14 Pariser Fuß maßen. Herr Salerne erzählt selbst, man habe in Frankreich, im Schloße von Mylourdin, einen Geyer (Lämmergeyer) getödtet, der mit ausgebreiteten Flügeln 18' Fuß gemessen. Wäre diese letztere Erzählung richtig: so sähen wir hier ein Beyspiel einer eben so kolossalen Größe des europäischen Geyers, als die leichtgläubigsten Reisenden dem Condor nur immer beygelegt haben.

Die Natur der Gegenden, welche der Condor bewohnt, hat ohne Zweifel nicht wenig zu den übertriebenen Vorstellungen beygetragen, die man sich von seiner Größe gemacht hat. Er ist bey weitem größer als der *vultur aura,* der *vultur papa* und die übrigen Raubvögel, die sich in der Kette der Andes finden. Er nistet an den allereinsamsten Orten, häufig auf dem Gipfel nackter Felsen, die der untern Gränze des ewigen Schnees nahe liegen. Isolirt, entfernt von allen lebenden Wesen, mit denen man ihn vergleichen könnte, sehen wir den Condor, wie auf das tiefe Blau des Himmels hingeworfen. Diese ungewöhnliche Stellung, und der große Kamm des Männchens, laßen den Vogel viel größer scheinen, als er wirklich ist.

Ich selbst bin durch beydes auf meinen Wanderungen zu den Gipfeln der Vulkane der Andes eine lange Zeit betrogen worden. Ich hielt die Condor für riesenhaft groß, und erst als ich einen todten Geyer dieser Art gemessen hatte, wurde ich von der Wirkung jener optischen Täuschung überzeugt. Der Lämmergeyer der Schweiz und der Condor der Andeskette sind die beyden größten Thiere, denen die Natur das Vermögen verliehen hat, sich in die Luft zu erheben; auffallend ähnlich in Sitten, an Kühnheit und physischer Kraft; aber äußerst verschieden in Absicht ihres physiognomischen Charakters. Der Lämmergeyer ist weder mit einem Kamme, noch mit einer

12 Ornithologie, Th. 2. S. 200.

Krause von weißem Pflaum geziert. Buffon zweifelte an der Wirklichkeit des sonderbaren Kamms des Condors, und deßhalb hielt er den Lämmergeyer für eine und dieselbe Species; auch gleicht die schon vorerwähnte Abbildung des Condors in der kleinen Zweybrücker Ausgabe eher dem andern Geyer der alten Welt, als dem Geyer der Andes. Noch auffallender ist es, daß der Abt Molina, der doch aus Chili gebürtig ist, und als ein bejahrter Greis noch gegenwärtig zu Bologna lebt, den Condor so wenig gekannt hat. Er giebt mehrere falsche Merkmahle beyder Geschlechter an, und schließt mit der Versicherung, der Condor sey von dem *vultur barbatus* in nichts als in der Farbe verschieden. Dieser sonst so achtungswerthe Naturhistoriker erwähnt nicht einmahl des Kammes der Männchen.

Der Condor gehört der großen Kette der Andes eben so ausschließlich an, wie das Lama, die Vicuña, das Alpaca und so viele wunderbar gestaltete Gewächse. Die Region der Erde, welche er allen andern vorzuziehen scheint, ist die zwischen 1600 und 2500 Toisen Höhe über dem Meere. Jedesmahl, wenn wir beym Pflanzensuchen bis an die Gränze des ewigen Schnees hinauf kamen, wurden wir von Condorn umgeben. Man sieht sie oft, drey oder vier neben einander, auf Felsengipfeln sitzen. Sie ließen uns, ohne Furcht und Argwohn zu zeigen, bis auf zwey Toisen herannahen, und nicht einmal machten sie Miene uns angreifen zu wollen. Ungeachtet aller Nachforschungen ist mir kein Beyspiel bekannt geworden, daß ein Condor je ein Kind ergriffen und weggeführt hätte. Ich weiß wohl, daß viele Naturhistoriker von Condorn reden, welche Knaben von zehn bis zwölf Jahren tödten; diese Behauptung ist aber ebenso fabelhaft, als die Erzählung von dem Geräusch, welches der Geyer der Andes beym Fliegen machen soll, und wovon Linné sagt: »*Attonitos et surdos fere reddit homines.*« Ich zweifle nicht, daß zwey Condor im Stande seyn möchten, ein Kind von zehn Jahren, ja selbst einen erwachsenen Menschen umzubringen. Häufig sieht man sie mit einem jungen Stier fertig werden, dem sie die Augen und die Zunge ausreißen; eine so erstaunliche Kraft hat der Condor im Schnabel und in den Klauen. Indeß versichern doch alle Indier, welche die Andes in Quito bewohnen, einstimmig, daß der Condor dem Menschen nie gefährlich sey. Ja, ich möchte sogar die Frage aufwerfen, ob man wohl irgendein hinlänglich beglaubigtes Beyspiel aus den Alpen hat, daß der Lämmergeyer ein Kind angegriffen oder fortgeführt habe? Häufig fürchtet das Volk ein Unglück bloß weil es dasselbe für möglich hält, und die Möglichkeit nimmt bey ihnen das Ansehen historischer Thatsachen an. Herr *de la Condamine*[13], einer der wahrhaftesten Reisenden, den ich kenne, erzählt: »Die Indier setzten dem Condor als Lockspeise eine Kindfigur aus einem sehr klebrigen Thone geknetet, hin; er stoße darauf, und schlage seine Krallen mit solcher Macht hinein, daß er sich nicht wieder loßmachen könne.« Aber Herr *de la Condamine* fügt sehr vorsichtig hinzu: »Man behauptet.« Ich glaube, daß die Figur irgend eines vierfüßigen Thieres diesen großen Geyer eher herbeylocken würde. Wie oft sieht man nicht kleine Kinder der Indianer in freyer Luft auf den Bergen schlafen, während ihre Väter beschäftigt sind, Schnee zusammenzutragen, den sie in den Städten verkaufen; und niemals hat man gehört, daß diese von Condorn umgebene Kinder von ihnen wären angefallen oder getödtet worden.

Der Condor gehört zwar ausschließlich der Kette der Andes zu, und hält sich vorzugsweise an Orten auf, welche höher liegen, als die Spitzen des Pics von Teneriffa und die Gipfel des Montblanc; indeß treibt ihn doch bißweilen der Hunger in die den Cordilleren nahe liegenden Ebenen herab. Man sieht ihn daher am Ufer der Südsee, besonders in dem gemäßigten und in dem kalten Erdstriche von Chili, wo die Kette der Andes sich nahe am Ufer hinzieht. Dann bleibt er aber nur wenig Stunden in diesen niedrigen Regionen. Ihm behagt die Einsamkeit der Berge und eine verdünnte Luft, in welcher das Barometer nur auf 0,44 M. oder auf 16 Zoll steht. Sehr viele Felsengruppen und Gebirgsebenen in der Kette der Andes von Peru und von Quito, welche über 4774 M. oder 2450 Toisen über der Meeresfläche liegen, sind daher auch nach den Condorn benannt, als Ruheplätze derselben, zum Beyspiel, *Cuntur-Kahua*, *Cuntur-Palti*, *Cuntur-Huachana*, Namen die in der Sprache der Ynkas, *Wache*, *Schlafstelle*, *Brütort* der Condor bedeuten.

Auf meinen Reisen durch Amerika habe ich den Condor nur im Königreiche Neu-Granada, in der Provinz Quito und in Peru gefunden. Ich habe erfahren, daß er nördlich vom Äquator die Kette der Andes bis an die Provinz *Antioquia* oder bis 7° Breite bewohnt. Die westliche Cordillere, oder der Zweig der Andes, welcher sich durch das Choco nach der Landenge von Panama zieht, wird hier für den Condor zu niedrig, und er findet sich, weiter nach dem Isthmus hin, eben so wenig, als die Fieberrinde, die *Befaria*, die

Escallonia und andre Alpenpflanzen der hohen Andes. Ob es nördlich von Panama Condor giebt, ist mir gänzlich unbekannt. Herr Sonnini versichert in einem Artikel des *nouveau Dictionnaire d'histoire naturelle, t.* 6. *p.* 130, der Condor sey im Mexikanischen gesehen worden. Ich möchte indeß daran zweifeln; denn der große Geyer *Cozcaquauhtli,* der eine so bedeutende Rolle in der Mythologie der *Aztequen* spielt, ist der Geyerkönig (*Vultur papa*) welcher heiße, oder wenigstens sehr gemäßigte Gegenden vorzüglich liebet. Reisende haben lange Zeit hindurch jeden Raubvogel von außerordentlicher Größe Condor genannt. In älteren Büchern liest man, es seyen Condor in Afrika, in Asien, und selbst mitten in Frankreich, zu Chateauneuf an der Loire[14], getödtet worden!

Da der östliche Arm der Andes sich durch die Gebirge von Pamplona nach den Gebirgen von Merida hinzieht, welche mit ewigem Schnee bedeckt sind: so wäre es interessant zu wissen, ob der Condor diesen Gebirgen bis in die Nähe des antillischen Meers gefolgt sey. Ich habe von Herrn Mutis erfahren, daß er sich auf dem östlichen Abhang der Centralkette oder der Cordillere von Quindiu, zum Beyspiel in der Gegend von Ibague findet; es ist mir aber nicht bekannt, ob er auch die Kette de la Summa Paz und die von Chingasa, östlich von Santa Fe de Bogota bewohnt. Ich weiß eben so wenig, ob man ihn je in dem hohen Bergstock von Sta. Martha gefunden hat. Es wäre sehr möglich, daß er diesem gänzlich fremd ist; häufig sind Thiere, wie die Pflanzen, in gewiße Gränzen eingeschlossen, über welche hinaus man sie nicht findet, wenn gleich die Beschaffenheit des Landes und Klimas dieselbe bleibt. Der Condor und die Guanacos (*Camelus huanacus L.*) begleiten einander durch die ganze Kette der Andes von der magellanischen Straße an, bis an die nördlichen Gränzen von Peru, auf einer Strecke von mehr als 900 Seemeilen (oder von beynahe 700 geographischen Meilen). Die Guanacos und die Vicuña, welche bloß die südliche Halbkugel bewohnen, verschwinden gegen den 9ten Grad südlicher Breite. Der Condor allein folgt der Cordillere bis über den Äquator hin, noch wenigstens

13 *Relation abrégée du voyage à l'Amazone, p.* 171.

14 *Ornithol. de Salerne, p.* 10.

200 geographische Meilen weiter, als die Vicuña. Die Alpenpflanzen geben uns ein merkwürdiges Beyspiel physiognomischer Ähnlichkeit, ungeachtet der großen Entfernungen, durch welche die Berge von einander getrennt sind. Ich habe an einem andern Orte angeführt, daß wir auf der Silla de Caraccas dieselbe *Befaria* entdeckt haben, deren purpurfarbige Blumen die Zierde der Bergabhänge im Königreiche Neu-Granada sind. Es möchte schwer seyn zu entscheiden, wie der Same dieser schönen Pflanze auf jenen mächtigen Gebirgstock gekommen ist, dem einzigen in der Küstenkette, der bis zur kalten Region der Befarien hinaufreicht. Der erste Ursprung der Dinge ist weder eine Aufgabe für die Geschichte noch ein Gegenstand der Naturforschung; doch glaube ich darauf aufmerksam machen zu dürfen, daß die Thiere weit weniger als die Pflanzen diese Identität der Form an Orten zeigen, die weit von einander entlegen sind, aber einerley Klima haben. Wenn, zum Beyspiel, mitten in den ungeheuren Ebenen des Thals, welches der Amazonenfluß durchströmt, ein einzelner Berg stände, dessen Gipfel bis in die Eisregion hinaufreichte, würde dieser wohl von Condorn, von Guanacos und von Vicuñas bewohnt seyn?

Bey meiner Farth auf dem Orinoco hörte ich die Indianer oft von großen Raubvögeln erzählen, die ich leider! nicht Gelegenheit gefunden habe, selbst zu beobachten. Vielleicht sind es die beyden großen Adler, welche Herr Sonnini im Innern des französischen Guyana entdeckt hat. Dieser vortreffliche Naturhistoriker[15] gesteht selbst, daß, als er sie zuerst gesehen, er sie für Condor gehalten und seinen Irthum erst in der Folge berichtiget habe. Wir kennen den Condor weder in den hohen Bergen der Küste von Venezuela, noch in der Gebirgskette, welche ich die Wasserfälle oder das Dorado nenne, noch in Brasilien. Denn der Ouira-Ouassou der Brasilianer, welchen Buffon für identisch mit dem Condor gehalten hat, ist davon sehr verschieden[16], ob er gleich (*si fabula vera!*) groß genug seyn soll, um Affen zu fressen und Menschen anzugreifen.

Es könnte zweifelhaft scheinen, ob wirklich der Condor die Kette der Andes bis zu der südlichsten Spitze Amerikas herab bewohnt. Denn in der Beschreibung der Reise des Admirals Cordoba nach der Magellanschen Meerenge[17], (der einzigen Reise, auf welcher unterrichtete Gelehrte sich längere Zeit über dort aufgehalten haben,) werden unter den Thieren, die man theils im Feuerlande, theils auf der Küste des Cap Victoria gesehen hat, Colibris, Strauße (*Struthio touyuyou*) Guanacos und wilde Hunde genannt; des Condors geschieht schlechterdings keine Erwähnung. Dennoch scheint es ziemlich gewiß, daß er dort einheimisch ist. Denn der vom Doctor Shaw beschriebene Condor ist in der Magellanischen Straße geschoßen, und von da vom Kapitain Middleton mit nach Europa gebracht worden. Obschon die Zeichnung, welche man von diesem Condor in der Beschreibung des *Museum Leverianum*[18] findet, der meinigen wenig gleicht, wie ich bereits zu Anfang dieses Aufsatzes bemerkt habe: so scheint es mir doch sehr glaublich, daß dieser Vogel aus der Magellanischen Straße das Männchen des wahren Condor, und weder eine Varietät noch eine andre Art ist. Der Doctor Shaw, dessen Arbeit das Gepräge der größten Genauigkeit an sich trägt, giebt ihm folgende Charaktere: »*Saccum in gula seu pellis quædam dilatata a basi mandibulæ inferioris longe per collum ducta. Prodeunt etiam a latere colli appendiculæ septem quasi carneæ seu carunculæ semicirculares et cærulescentes. Collum et pectus nuda et rubentia, pilis raris nigricantibus aspera. Crista capitis sinuata, altera ad nucham, ambæ nigricantes cæruleæ et nonnullis in locis rubentes. A collo inferne dependet tuberculum pyriforme. Dorsum atrum, remiges albæ secundariæ, cauda atra, pedes albi.*« Die zwey Kämme, die Weiße der Füße und der Hülfsschwungfedern, könnten verleiten zu glauben, der Vogel des Doctor Shaw sey von dem wahren Condor verschieden. Sollten aber diese Abweichungen nicht vielmehr daher rühren, daß er das Thier lange nach dem Tode, und nach einem schlecht erhaltenen Exemplar beschrieben hat? Englische Naturhistoriker mögen uns dieses beantworten. Das *Museum Leverianum* besitzt noch einen zweyten Geyer aus der magellanischen Straße, den man für einen jungen weiblichen Condor hält.[19] Ich gestehe indeß, daß ich in der in Kupfer gestochenen Abbildung

---

15 *Buffon par Sonnini, t.* 38, *p.* 33.

16 Ebendaselbst, *t.* 38, *p.* 47, *planche* 7.

17 *Relacion del viage al Estrecho de Magellanes de la Fregata d. S. M. Santa Maria de la Cabeza en* 1785 *y* 1786 (*Madrid* 1787) *p.* 316.

18 *Vol.* 2. *(Lond.* 1796*) p.* 5.

desselben keinen Condor der Andes erkannt haben würde. Diese beyden vom Doctor Shaw beschriebenen Vögel messen von dem einen Ende des ausgebreiteten Flügels bis zum andern, der eine 14, der andre 10 englische Fuß. Es ist auffallend, daß alle übrige Beyspiele von außerordentlich großen Condorn, die man anführt, aus Chili oder aus dem allersüdlichsten Theil von Peru herrühren. Sollte es in der kalten und gemäßigten Zone eine größere Race vom Condor geben, als in der heißen Zone? Die Temperatur der Luft in der Ebene scheint doch ziemlich gleichgültig für einen Vogel seyn zu müssen, der sich nach Belieben höher oder niedriger am Abhange der Cordilleren aufhalten, und das ihm zuträglichste Klima wählen kann. Vielleicht trägt indeß reichlichere Nahrung oder irgend eine andre örtliche Ursache zur Vervollkommnung seiner Ausbildung bey. Wer kann mit Gewißheit die Ursachen nachweisen, von welchen das abhängt, was wir mit dem unbestimmten Namen die »Vertheilung der *Racen*« belegen?

Der Condor findet sich östlich bis zu den Gebirgsketten von *Santa Cruz de la Sierra* und von *Cochabamba.* Da sich diese mit der Kette von Mattogrosso zu vereinigen scheinen: so könnte der Condor zwar auch in Brasilien einheimisch seyn; doch zweifle ich, daß die Gruppe von Bergen, welche man *Cerro da Frio* und *Cerro dos Esmeraldes* nennt, hoch genug, und also auch für den Aufenthalt des Condors kalt genug sind. Wir dürfen hoffen, der unermüdliche *Don Felix d'Azara,* der in einer diesem unerforschten Erdwinkel nahen Gegend wohnt, werde hierüber einst mehr Licht verbreiten. Da nur ein einziges naturhistorisches Cabinet sich des Vorzugs rühmet einen Condor zu besitzen, und da wir noch nicht einmahl eine getreue Abbildung dieses Vogels haben: so darf man kaum erst die Frage aufwerfen, ob wohl einer lebendig nach Europa gebracht worden. Dieses würde in der That auch ziemlich schwer seyn. Es könnte auf vier verschiedenen Wegen geschehen: um das Cap Horn, über die Landenge von Panama, auf dem Amazonenfluß, oder dem Magdalenenfluß. Ich würde den ersten Weg vorziehen. Das Thier erträgt die Gefangenschaft ganz gut; vermuthlich würde aber das lange Verweilen in einem sehr heißen Lande und in einer Luft, in welcher das Barometer sehr hoch steht, der Gesundheit desselben schädlich werden. Der Condor hält sich am liebsten in einer Temperatur von +2 bis +3° Réaumur auf; in den Thälern, wo das Thermometer bis auf 24° Réaumur steigt, verweilt er höchstens einige Stunden. Die Hitze, welche er auf den andern Wegen zwischen Panama und Portobello, oder in der Provinz Jaen de Bracamorros, oder auf dem Magdalenenstrom, zwischen Honda und Carthagena de Yndias, viele Wochen lang auszustehn hätte, würde ihn wahrscheinlich tödten.

Bey den Raubvögeln, wie bey den Insekten, ist in der Regel das Weibchen größer als das Männchen; bey dem Condor scheint diese Verschiedenheit nicht recht merklich zu seyn. In beyden Geschlechtern variirt die Größe beträchtlich. Da er nur die einsamsten Gegenden bewohnt, wo er keinen andern Feind hat, als den Menschen, der ihn nicht ausrotten will: so erreicht er wahrscheinlich ein sehr hohes Alter. Doch scheint er sich stark zu vermehren. Ich habe immer nur fünf oder sechs Condor auf einmahl gesehen, und nie Schaaren von vierzig und funfzig, wie vom *Vultur aura.* Aber der Geyerkönig (*Vultur papa*) scheint mir die am mindesten zahlreiche Art von allen amerikanischen Raubvögeln zu seyn.

Man hat mich versichert, der Condor baue kein Nest, und lege seine Eyer auf den nackten Felsen, ohne sie mit Stroh oder mit den haarigen Blättern der *Espeletia frailexon* zu umgeben, der einzigen Pflanze, welche in der Nähe des ewigen Schnees wächst und die an Wuchs unsrer Königskerze (*Verbascum thapsus*) gleicht. Die Eyer sind, wie man mich versichert, ganz weiß, und 3 bis 4 Zoll lang. Man behauptet, das Weibchen bleibe ein ganzes Jahr lang bey den Jungen. Wenn der Condor in die Ebenen herab kommt, so setzt er sich am liebsten auf die Erde, und nicht auf die Äste der Bäume, wie der Zamuro oder Gallinazo (*Vultur aura*). Auch hat der Condor sehr gerade Krallen. Ich mache diese Bemerkung auf Veranlaßung einer Stelle des Aristoteles, in welcher dieser tiefsinnige Naturforscher versichert, daß die Raubvögel, welche sehr krumme Krallen haben, sich nicht gern auf Steine niederlassen[20].

Lebensart und Sitten des Condors sind dieselben, wie beym Lämmergeyer der Alpen. Sollte er auch diesen an Größe nicht übertreffen: so ist er

---

19 *Musei Leveriani explicatio* 1792, *vol.* 1, *p.* 4, *tab.* 1.

20 *Arist. Hist. Anim. l. IX. c.* 32. *(p. Casaub.* 575. *E.)*

ihm doch wahrscheinlich an Stärke und Kühnheit überlegen. Zwey Condor werfen sich nicht bloß auf den Hirsch der Andes, den jungen Löwen Puma, die Vicuña und das Guanaco; sie greifen auch eine junge Kuh an, und verfolgen sie so lange, und verwunden sie unaufhörlich mit Klauen und Schnabel, bis das Thier ermüdet und athemloß die Zunge mit Brüllen hervorstreckt. Nach der Zunge ist der Condor besonders lüstern. Er hält sie fest, reißt dem Thiere die Augen aus; es sinkt zur Erde nieder, und giebt allmählich den Geist auf. Der Schaden, welchen die Condor unter den Heerden anrichten, besonders unter Schafen und Kühen, ist sehr beträchtlich. Man hat mir erzählt, daß man auf den grasigen Ebenen (*Savannes*) am Antisana, die 2107 Toisen über der Meeresfläche liegen, nicht selten Stiere findet, welche von Condorn angegriffen, am Rücken verwundet, aber nicht bezwungen worden. Dieß erinnert mich an die Missionen vom obern Orinoco, woselbst die großen Fledermäuse dem Rindvieh so viele Wunden verursachen, daß sie eins von den Hindernissen der Anlagen von Meiereyen werden.

Ist der Condor gesättigt, so bleibt er phlegmatisch auf seinem Felsen sitzen. In dieser Lage schien er mir von einem ernsten, mürrischen, finstern Wesen zu seyn. Man kann ihn alsdann, wie den *Vultur aura*, vor sich her treiben, ohne daß er sich die Mühe nimmt aufzufliegen. Quält ihn dagegen der Hunger, so erhebt er sich bis zu einer erstaunlichen Höhe. Dort in den Lüften schwebend, umspannt sein Blick auf einmal den weiten Bezirk, der ihm seine Beute liefern soll. Besonders an den Tagen, wann die Luft sehr rein war, sahe ich den Condor, und selbst den Gallinazo (*Vultur aura*) zu einer außerordentlichen Höhe steigen. Die Durchsichtigkeit der Luft scheint sie einzuladen, einen größern Strich Landes zu durchmustern, als das scharfe Auge dieser Luftjäger sonst bey trüberm Himmel überschauen könnte.

Man pflegt in Peru, in Quito und in der Provinz Popayan den Condor lebendig mit Schlingen zu fangen. Diese sonderbare Jagd, welche man vornämlich zur Ergötzung der neu angekommenen Europäer anzustellen pflegt, ist, wenn ich nicht irre, schon von andern Reisenden beschrieben worden. Man tödtet eine Kuh oder ein Pferd; in kurzer Zeit zieht der Geruch des getödteten Thiers die Condor herbey, deren Geruchsinn höchstfein ist. Es erscheinen ihrer eine Menge an Orten, wo man kaum einige vermuthet hätte. Der Vogel frißt mit einer unbegreiflichen Gier. Das Erste sind immer die Augen und die Zunge, welches seine Lieblingsbissen sind; dann zerlegt er den Körper vom Anus an, um leichter zu den Eingeweiden zu kommen. Hat sich der Condor recht voll gefressen, so ist er zu schwer, um fortfliegen zu können. Dann verfolgen ihn die Indianer mit Schlingen, und fangen ihn überaus leicht. Der Condor giebt sich die größte Mühe aufzufliegen, und das soll ihm auch gelingen, wenn er es dahin bringt, sich zu übergeben. Wahrscheinlich verlängert und verkürzt der Condor bey dieser Anstrengung den Hals, und nähert seine Klaue dem Schnabel. Diese gewiß nur zufällige Bewegung mag die Eingebornen zu der Erzählung veranlassen, der Condor stecke eine seiner Zehen in den Hals, um sich zu erleichtern und zu retten. Schwerlich würde die Klaue den Theil, welchen sie berührt, sanft kitzeln! Die Spanier nennen eine solche Jagd *correr huitres*; sie ist, nächst der Stierhetze, einer der beliebtesten Zeitvertreibe der Landbewohner. Man kann sich denken, welche Grausamkeiten die unglücklichen Condor zu erdulden haben, wenn sie lebendig von den Indianern gefangen werden; kein Insekt kann mehr unter den Händen unsrer gelehrten Entomologen leiden!

Zuweilen, wie man mir in Riobamba erzählte, legt man auch giftige Kräuter in den Bauch des Thiers, welches zur Lockspeise dienen soll, um dadurch die Jagd zu erleichtern; die Condor scheinen dann wie trunken zu seyn. Dieß ist eine Nachahmung des Fischens mit der Jacquinia armillaris oder der Piscidia, welches die Spanier *embarbascar* nennen.

Der gefangene Condor ist in der ersten Stunde traurig und furchtsam; bald darauf wird er sehr bösartig. Ich habe in Quito ein lebendes Weibchen acht Tage lang in dem Hofe meines Hauses gehabt. Es war gefährlich sich demselben zu nähern; die Furcht machte das Thier sehr wild.

Der Condor hat ein zäheres Leben als alle andere Raubvögel. Als wir uns zu Riobamba in dem Hause unsers Freundes Don Xavier Montufar, Corregidor dieser Provinz, befanden, wollten eines Tages Indianer einen Condor in unserer Gegenwart tödten. Man wollte ihn mit der Schlinge erwürgen, hing ihn an derselben an einen Baum, und zerrte ihn fünf Minuten lang mit Gewalt bey den Beinen. Kaum hatte man die Schlinge loßgemacht, so gieng der Condor wieder munter umher. Man schoß aus einer Pistole viermahl Kugeln auf ihn ab, aus einer Entfernung von nicht vollen vier Schritten. Alle vier drangen ihm in den Leib; er war schon am Halse, in der Brust, im Bauche verwundet, und immer noch hielt er sich aufrecht. Eine fünfte schlug gegen das Hüftbein und fiel auf die Erde. Der Corregidor Don Juan Bernardo Leon, dem ich viele interessante Nachrichten über die Thiere des Königreichs Quito verdanke, war bey diesem Vorfall gegenwärtig. Der Condor starb erst eine halbe Stunde später, nachdem er eine Menge Wunden erhalten hatte. Herr Bonpland hat lange Zeit die Kugel aufbewahrt, welche von der Lende abgeprallt war.

Der Astronom Ulloa[21] machte schon die Bemerkung, daß in den kalten Gegenden von Peru die Haut des Condors oft so dicht mit Federn bedeckt ist, daß man acht oder zehn Kugeln, die gegen einen Condor abgeschossen worden, an den Körper anschlagen gehört hat, ohne daß eine einzige hineingedrungen war. Der Condor, welchen wir untersucht haben, war voll unzählig viel brauner Läuse (*Pediculus*), die ich versäumt habe zu beschreiben. Es könnte doch eine andre Art gewesen seyn als der *Pediculus vulturis*, welchen Herr Fabricius[22] beschrieben hat und der auch auf den Geyern in Indien leben soll.

Noch verdient bemerkt zu werden, daß der Condor die Cadaver den lebenden Thieren vorzieht. Er nährt sich indeß von den einen und von den andern. Auch scheint es, daß er weniger den kleinen Vögeln, als den vierfüßigen Thieren nachstellt.

Ich übergebe hier den Naturforschern drey Zeichnungen, welche ich an Ort und Stelle gemacht habe, und wovon die eine unter meinen Augen vervollkommnet worden ist. Ich schmeichle mir, daß der Charakter und die Physiognomie des Condors darin gut ausgedrückt sind. Vergleicht man diese Zeichnungen mit den bis jetzt bekannt gewordenen Abbildungen, so wird man sich überzeugen, daß einer der merkwürdigsten Vögel bisher (um mich so bescheiden als möglich auszudrücken), noch sehr unvollkommen bekannt war. Der farbige Kupferstich stellt einen männlichen Condor vor,

---

21 *»La pluma del Condor forma un entretexido tan bien preparado, que no lo penetra la bala del fusil ni el animal se inmuta al recebir el galpe. En la parte alta de Peru ha succedido tirarle* 8 *à* 10 *tiros sequidos, oyendo dar las balas sobre el y caer estas al suelo derechazo sin haberle hecho daño alguno.«* (*Ulloa Notic. Americanas p.* 158. §. 18.)

22 *Fabric. Mant. Insect. T. II. p.* 369. *n.* 12.

der am Chimborazo gefangen worden, und der mit ausgespannten Flügeln 9 Fuß maß. Der Vogel ist in zwey verschiedenen Zuständen abgebildet, in Bewegung und in Ruhe, mit offnem und mit geschloßnem Schnabel. Die Lappen am Halse verändern ihre Gestalt nach Willkühr des Condors, der sie beliebig verlängern und verkürzen kann. Die Klaue ist nicht so stark, als man sie bey einem so großen Vogel erwarten sollte. Um durch Vergleichung dem Urtheil über die wahre Größe des Condors zu Hülfe zu kommen, habe ich auf der Kupfertafel den Schädel eines vielhörnigen Schafes abbilden lassen. Ich würde das Vuciña, als ein wirklich einheimisches Thier, dem Schafe, das erst nach der Entdeckung Amerikas dahin gebracht ist, vorgezogen haben, hätte es nicht eines allgemein bekannten Gegenstandes zur Vergleichung bedurft. Der Kopf und die Klaue, die ich einzeln gezeichnet, sind beyde in natürlicher Größe. Ich bitte die Naturforscher, welche sich den Lämmergeyer (*Vultur barbatus*) lebendig verschaffen können, uns mit einer ähnlichen Zeichnung seines Kopfs und seiner Klaue zu beschenken. Wie interessant wäre die Vergleichung der Waffen dieser zwey kühnen und mächtigen Geschöpfe, welche in beyden Continenten mit unumschränkter Gewalt das weite Gebiet der Luft beherrschen!

Alexander von Humboldt
Lebensdaten und wichtige Werke

1769	Geburt in Berlin
1775–1787	Unterricht durch Hauslehrer auf Schloss Tegel in neuen und alten Sprachen, Mathematik, Philosophie, Rechts- und Staatswissenschaften, Zeichnen
1787–1792	Studium an den Universitäten Frankfurt an der Oder und Göttingen, an der Handelsakademie Hamburg und der Bergakademie Freiberg
1789	Erste Publikation in einer Zeitschrift: »Sur le Bohon-Upas« (über einen indonesischen Giftbaum)
1790	Erste Buchveröffentlichung: *Mineralogische Beobachtungen über einige Basalte am Rhein*
1790	Reise mit Georg Forster von Göttingen nach Mainz über Aachen, Brüssel, Rotterdam, Amsterdam nach London und zurück über das revolutionäre Paris
1792–1796	Bergassessor, Oberbergmeister, Oberbergrat im preußischen Bergdepartement
1795	Erste Publikation zu den elektrophysiologischen Selbstversuchen mit Fröschen
1796	Tod der Mutter, finanzielle Unabhängigkeit durch Erbschaft
1798	Bekanntschaft mit dem Botaniker Aimé Bonpland in Paris
1799	Beginn der Expedition nach Amerika
1804	Rückkehr nach Europa, Wohnort Paris
1805	Reise nach Italien, Besteigung des Vesuv
1805–1838	Veröffentlichung des Reisewerks *Voyage aux régions équinoxiales du Nouveau Continent*
1805–1833	Veröffentlichung des zoologischen Werks *Recueil d'observations de zoologie et d'anatomie comparée*

1808	Veröffentlichung der Essaysammlung *Ansichten der Natur*, weitere Auflagen 1826 und 1849
1814–1831	Veröffentlichung des Reiseberichts *Relation historique*
1827	Umzug von Paris in die Geburtsstadt Berlin
1829	Expedition nach Zentralasien
1830–1848	Diplomatische Missionen nach Paris
1843	Veröffentlichung des Reisewerks *Asie centrale*
1845	Beginn der Publikation des Spätwerks *Kosmos. Entwurf einer physischen Weltbeschreibung*
1848	Teilnahme am Trauerzug für die Gefallenen der Märzrevolution
1856	Bekanntschaft mit Alfred Edmund Brehm in Berlin
1859	Tod in Berlin

Nachwort

Als Alexander von Humboldt am 5. Juni 1799 das europäische Festland verlässt, fällt ihm bereits am ersten Tag auf hoher See ein sonderbares Meeresleuchten auf. Er notiert in sein Tagebuch: »Längst dem Schiffe und überall, wo die Wellen viel Schaum schlugen, phosphorescirte das Meer, leuchtende Punkte flogen gleichsam vom Schiffe weg.« Einen Tag später setzt er hinzu: »Stoß scheint das Phänomen zu veranlassen.« Dass sich hinter diesem Naturschauspiel kleine, fast unsichtbare Lebewesen verbergen, vermuten Humboldt und sein Reisebegleiter Aimé Bonpland[1], als sie Quallen und Seewürmer aus dem Meer fischen: Wenn sie die Weichtiere leicht anstoßen oder an ihnen reiben, wird ein phosphoreszierender Glanz erzeugt.

Nach ihrer Ankunft in Südamerika erfahren die beiden Reisenden dieses kleine Wunder der Natur am eigenen Leib. Als sie nackt in einer Meeresbucht baden, bleiben die Fasern toter Weichtiere auf ihrer Haut haften, und sie steigen leuchtend aus den Wellen. Augenfälliger könnte der Gedanke der Aufklärung mit seiner Lichtmetaphorik des *Siècle des Lumières,* mit dem Humboldts Wissenschaftsprogrammatik und Selbstbild als Forscher aufs Engste verbunden war, nicht hervortreten: Die Reisenden leuchten dem wissenschaftlichen Erkenntnisgewinn den Weg in unbekannte Gefilde.

Im weiteren Verlauf der Reise fallen nicht alle Begegnungen mit Tieren so idyllisch aus: In den Sümpfen nördlich des Flusses Orinoco setzt Humboldt sich den Schlägen elektrischer Aale aus. Im Tal von Caripe werden die Reisenden vom Geschrei der Nachtvögel wachgehalten, und an den Wasserfällen von Atures und Maipures sind die Stiche der Moskitos eine Qual. Humboldt beschreibt diese Strapazen als seriöser Feldforscher mit großer Disziplin, und so hinterlassen die Tiere nicht nur Spuren auf dem Körper des Reisenden, sondern auch in seinen Tagebucheinträgen, in Briefen und auf Skizzen.

---

1 Französischer Botaniker (1773–1858), Humboldt lernte ihn 1798 in Paris kennen, daraufhin planten und unternahmen sie gemeinsam die fünfjährige Forschungsreise nach Amerika (1799–1804).

Zufällige Zoologie

Tiere in Humboldts Gesamtwerk

Die Beobachtungen, Experimente und Forschungsberichte, die er während der fünfjährigen Reise anstellt und verfasst, arbeitet Humboldt nach seiner Rückkehr ab 1805 zu einem vielbändigen Werk aus. Die *Voyage aux régions équinoxiales du Nouveau Continent* wächst über einen Zeitraum von über dreißig Jahren zu einer umfassenden Wissenschaftsbibliothek an. Für einige der Disziplinen – wie Astronomie, Botanik oder Kartographie – legt Humboldt einzelne Abteilungen an, »da meine Reise so viele Gegenstände umfaßt, welche unmöglich denselben Leser interessieren können«. Auch der Zoologie widmet er zwei Bände, in denen die »Beschreibung von neuen Species, Affen, Crocodill, Vögel, Fische, Insekten ... Anatomie der Seegewürme« Platz findet. Er veröffentlicht sie unter dem Titel *Recueil d'observations de zoologie et d'anatomie comparée* und macht damit wenige Jahre nach seiner Rückkehr dem europäischen Publikum seine zoologische Forschung zugänglich. Ursprünglich auf Französisch verfasst, übersetzt er den ersten Band für den deutschen Buchmarkt, er trägt den Titel *Beobachtungen aus der Zoologie und vergleichenden Anatomie.* Die beiden Verleger – Friedrich Schoell in Paris und Johann Georg von Cotta in Stuttgart / Tübingen – heben in der Bewerbung ihrer Bände die Bildtafeln hervor, »deren einige in Farben abgedruckt sind«. Hinten eingeheftet befinden sich jeweils 58 Tafeln, die als Kupferstiche Abbildungen einzelner Tiere zeigen, Organe unter die Lupe nehmen oder Muscheln und Bienen angeordnet wie in Schaukästen präsentieren. Entstanden sind diese Stiche in engem Austausch mit Zeichnern, Kupferstechern und Koloristen, an die Humboldt die Skizzen seiner Reisetagebücher nach der Rückkehr übergab, um sie von ihnen verbessern und ausarbeiten zu lassen.

Wie die Bildtafeln sind auch einige der Tierbeschreibungen in kollektiver Arbeit entstanden: Die Insekten beschrieb der Entomologe Pierre-André Latreille (1762–1833), die Muscheln der Zoologe Achille Valenciennes (1794–1865). Während innerhalb der einzelnen Beiträge eine Klassifikation der Tiere auf dem damaligen Wissensstand stattfindet, ist Humboldts zoologisches Werk insgesamt nicht systematisch angelegt: Weder die zoologischen Abhandlungen noch die Kupferstiche lassen in ihrer Reihenfolge eine Systematik erkennen. Die Anordnung wirkt, als sei sie zufällig entstanden. Humboldt eröffnet sein zoologisches Werk mit einem Vergleich der Stimmorgane von Affen, Vögeln und Krokodilen. Es folgen Abhandlungen zum Löwenaffen, zu Welsen, dem Kondor, elektrischen Fischen. Blättert man durch die Abbildungen, so sieht man im Wechsel kauernde Affen, paarweise angeordnete Schmetterlinge, aufgeschnittene Salamander oder vergrößerte Kehlköpfe.

Der Eindruck des Zufälligen verstärkt sich noch, wenn man die Rolle der Tiere im Reisebericht *Relation historique* betrachtet. Dieses dreibändige Buchwerk, das Humboldt nach der Rückkehr chronologisch auf Grundlage seiner Tagebücher verfasst, ist ein weiterer Bestandteil der *Voyage aux régions équinoxiales du Nouveau Continent.* Hier treten die Tiere *in order of appearance* auf, so, wie sie ihm entlang der Reiseroute begegnet sind: Im Tal von Caripe, das Humboldt im Herbst 1799 nach seiner Ankunft in Südamerika durchquert, kündigen sich Alouaten-Affen durch ihr Geheul an, im Februar 1800 erfährt Humboldt in der venezolanischen Hafenstadt Higuerote, dass die Indigenen zum Schutz vor Moskitos im Sand verscharrt schlafen. Ein halbes Jahr später, in der Bergschlucht von Cuchivano, begleiten die Indigenen die Reisegruppe mit Hunden, um sie vor dem lauernden Jaguar zu schützen. Und Ende 1800 beobachtet Humboldt die Krokodile in Nueva Barcelona und vergleicht sie mit denjenigen des Orinoco.

Neben der *Voyage* veröffentlicht Humboldt die Essaysammlung *Ansichten der Natur*, in deren dritter Auflage 1849 sich unter anderem eine Abhandlung zu den nächtlichen Tierstimmen im tropischen Regenwald findet. Zu Beginn des Textes erwartet man nicht, dass die Tiere darin eine wesentliche Rolle spielen werden. Vielmehr steht die Darstellung der Natur im Mittelpunkt, eine weitverzweigte bewaldete Flusslandschaft mit einsamen Missionsdörfern. Wie in der *Relation historique* beschreibt Humboldt die Tiere am Wegrand, etwa, wenn er mit dem Kanu durch die bewaldete Flusslandschaft fährt und am Ufer kleine Öffnungen im Dickicht erkennt, die es einer »beschnittenen Gartenhecke« ähneln lassen. Dieser Eingriff in die Natur stammt von den »großen vierfüßigen Waldtieren« wie dem Tiger, Tapir oder Nabelschwein, die durch diese Löcher bequemer zum Flusswasser gelangen. In den hier vorgelegten Texten aus den *Ansichten der Natur* treten die Tiere überraschend auf, machen sich durch Geräusche oder Spuren bemerkbar und verschwinden wieder – und gewinnen so im Verlauf des Textes immer mehr an Bedeutung.

Humboldt strebt in seinem Werk keine systematische und vollständige Beschreibung des Tierreichs an. Im Gegenteil: Wäre die Reise auf anderen Pfaden verlaufen, so hätte er andere Tiere erforscht. Hätten ihm die während der Reise angetroffenen indigenen Bewohner Südamerikas von anderen Bräuchen, Sitten und Jagdmethoden erzählt, so würden wir heute andere Tiergeschichten lesen. Und hätte Humboldt sich nicht für tierische Elektrizität oder die geologische Beschaffenheit der Höhle des Nachtvogels interessiert, wäre er den in diesem Band versammelten Tierarten nicht so nahe gekommen. Humboldts Zoologie ist eine Wissenschaft in Wechselwirkung mit anderen Disziplinen, sowohl naturwissenschaftlichen als auch kulturanthropologischen. Immer dann, wenn Humboldt seinen Fokus auf die Interaktion von Mensch und Tier legt, wird der Naturraum zum Kulturraum und die Tiere sind neben zoologischen Forschungsgegenständen auch kulturelle. Bis heute werden »Humboldts Tiere« in bildender Kunst und Literatur dargestellt, ästhetisiert und problematisiert. An ihnen können Weltbild und Naturwahrnehmung ihrer Entstehungszeit gelesen werden – und sie regen an zur Diskussion, welche Relevanz die von Humboldt thematisierten ökologischen und politischen Fragen heute haben.

Die Suche nach der Lebenskraft

Frösche und Zitteraale

Welche Rolle spielen Tiere für den jungen Humboldt, als er zu seiner großen Forschungsexpedition nach Amerika aufbricht? Es waren nicht etwa exotische Wildtiere, die in ihm das Verlangen nach der Ferne auslösten – vielmehr faszinierte ihn als Jugendlichen ein imposanter Drachenbaum im Botanischen Garten von Berlin. Diese Pflanze entfacht in ihm das nötige Fernweh, um sich auf eine mehrjährige Forschungsreise zu wagen. Und sie veranlasst ihn dazu, sich in seinen Jugendjahren vorwiegend der Flora zu widmen; ihr gibt er gegenüber der heimischen Fauna den Vorzug. Vor der Amerika-Reise macht sich Humboldt vor allem als Bergbaubeamter und Botaniker einen Namen, veröffentlicht Studien über die grüne Farbe unterirdischer Pflanzen oder entwickelt Pläne für eine Atmungsmaschine, die den Bergarbeitern ihre Tätigkeit unter Tage erleichtern soll.

Den heimischen Tieren bringt Humboldt vor seiner Reise kein zoologisches Interesse entgegen. Dennoch befindet er sich in hautnahem Kontakt mit ihnen: Um das Phänomen der Lebenskraft zu erforschen, legt er sich in seinen Jugendjahren Froschschenkel auf offene Wunden auf seinem Rücken. Durch solche heute bizarr anmutenden Selbstversuche prüft er Thesen von Luigi Galvani zur tierischen Elektrizität. Erstaunlicherweise zeigt Humboldt bei der Erfassung dieser Tierversuche ein kritisches Bewusstsein für das Leid der Tiere und beschreibt das »Blutbad«, das die galvanische Forschung unter den Amphibien angerichtet habe:

> Die Frösche zogen durch die Leichtigkeit, sie in Menge zu sammeln, durch ihren starken Nervenbau, ihre fast unzerstörbare Reizbarkeit, ihr reinliches Muskelfleisch, ihre fast durchsichtigen Körper, zu ihrem Unglück, die Hauptaufmerksamkeit der Physiologen auf sich. Das Blutbad, welches Haller, Rösel, Spalanzani [...] unter ihnen anrichteten, dies Blutbad war nur ein schwacher Vorbote von dem, was am Ende des achtzehenten Jahrhunderts in allen Theilen Europas, ja im nördlichen America, sie erwartete.

Doch auch für ihn bleiben die Frösche Mittel zum Zweck. Statt das Tier selbst untersucht er dessen Muskelelektrizität – mit 4000 Experimenten an rund 300 Tierarten wie Fröschen, Insekten oder Fischen nähert sich Humboldt einer zentralen Frage des späten 18. Jahrhunderts: Gibt es eine Lebenskraft, die sich messen lässt? Wie unterscheidet sich die belebte von der unbelebten Natur?

Im Rahmen dieser Experimente beginnt Humboldt auch, sich für den südamerikanischen Zitteraal zu interessieren. Ihn fasziniert dessen hohe

Elektrizität, die an galvanischer Kraft alle heimischen Tiere übertreffen soll. In zeitgenössischen Forschungs- und Reiseberichten liest er von den Mythen, die über diese Tiere verbreitet wurden, etwa, dass gewisse Indianer die Zitteraale ohne Erschütterungen berühren könnten. Durch diese Lektüren wächst sein Wunsch, die Fische in ihrem »Vaterlande zu beobachten« und in ihrem natürlichen Lebensraum die Wirkung ihrer Schläge physiologisch zu untersuchen.

Exotische Tiere wie die Zitteraale lebend zu sehen oder gar zu berühren, war in Europa zu Humboldts Jugendzeit ein außerordentlich seltenes Privileg. Im Jahre 1776 gelang dem britischen Kapitän George Baker das Kunststück, fünf Zitteraale aus Südamerika lebend nach London zu verschiffen. Er stellte sie als Attraktion am Londoner Haymarket aus und führte gegen Bezahlung die elektrischen Schläge der Tiere vor. Die Londoner Tageszeitungen kündigten das Spektakel mit Anzeigen an: »The curious in this City have now an opportunity of examining the wonderful powers of the Gymnotus Electricus, commonly called the Electrical Eel.« Ähnlich wie im Falle des weltberühmten Nashorn Clara, das 1741 aus Indien nach Europa gebracht wurde und mit seinem Besitzer auf Tournee ging, war auch für Kapitän Baker die Vorführung seiner Zitteraale ein lukratives Geschäft. Exotische Tiere und insbesondere solche mit herausragenden Eigenschaften, die man als magische Kräfte deuten konnte, waren ein beliebtes Schauspiel.

Als Humboldt Amerika bereist und die Zitteraale in ihrem Lebensraum erforscht, hat er Gelegenheit, den angeblich magischen Kräften wissenschaftlich auf den Grund zu gehen: Im Forschungsbericht »Jagd und Kampf der electrischen Aale mit Pferden«, der 1807 in der Fachzeitschrift *Annalen der Physik* erscheint, beschreibt er detailliert seine im März 1800 nahe der venezolanischen Stadt Calabozo durchgeführten Versuche. Man erfährt darin, dass er von Indigenen lebende Zitteraale für Laborversuche fordert, »aber eine fast kindische Furcht verhinderte die Eingebornen, sie lebendig fortzutragen«. Daraufhin reisen er und seine Begleiter zu den nahegelegenen Sümpfen, um die Aale an »Ort und Stelle« zu erforschen. An den Sümpfen erfährt Humboldt von der außergewöhnlichen einheimischen Jagdmethode: Pferde werden in die Sümpfe getrieben, damit die Aale sich mit elektrischen Schlägen verteidigen und schließlich entladen. In diesem erschöpften Zustand lassen sich die Aale ohne Gefahr fangen. Humboldt wählt für die Beschreibung dieses Kampfs eine dichte und mit Affekten angereicherte Sprache. Ausdrücke wie »mit zu Berge stehender Mähne«, »Schrecken und Schmerz«, »den Sieg über die Pferde und Maulesel davon tragen« weisen auf ein ähnliches Spektakel wie am Londoner Haymarket hin. Für kurze Zeit gerät in Vergessenheit, dass es sich hier um einen physikalischen Forschungsbericht handelt – bis Humboldt am Ende der Abhandlung neue zoologische und physiologische Forschungsergebnisse über die unterschiedliche Intensität der Schläge der Zitteraale und deren Wirkung auf den Menschen ableitet.

Europäischer Größenwahn

Krokodile und Seekühe

Die Vorstellung von Tieren im ausgehenden 18. Jahrhundert, mit der auch Humboldt noch aufwuchs, war ein Relikt der Renaissance. Tiere galten als Träger verborgener Kräfte und damit als Repräsentanten der Macht ihres Besitzers. Weil sich in Europa nur die Elite exotische Wildtiere leisten konnte, war die Zoologie eng mit kolonialem Handel und Aristokratie verknüpft: Tiere von anderen Kontinenten wurden als Prestigeobjekte in höfischen Menagerien ausgestellt, um Macht, Einfluss und Weltläufigkeit des Adels zu verdeutlichen. Die höfischen Menagerien ermöglichten den Wissenschaftlern zwar, lebende Tiere zu beobachten und nicht nur an Tierhäuten, Knochen und Präparaten zu forschen, jedoch waren es keine öffentlich zugänglichen Institutionen. Der französische Naturforscher Georges-Louis Leclerc de Buffon (1707–1788) war einer der wenigen Zoologen, die eine eigene Menagerie unterhalten konnten. An den darin angesiedelten Tieren studierte er ihre Verhaltensweisen. Buffon war aber nicht nur aufgrund dieses Privilegs ein typischer Vertreter der elitären Zoologie des 18. Jahrhunderts. Da die Tiere in Gefangenschaft waren und ihr Verhalten dadurch kompromittiert, ließ diese Art der Zoologie reichlich Raum für Spekulation. Buffon deutete die Ordnung des Tierreichs ideologisch, etwa indem er den Löwen als König der

Tiere beschrieb. Als Befürworter einer aristokratischen Ordnung übertrug er die von ihm als natürlich wahrgenommene menschliche Ordnung auf die Tierwelt.

Erst die Französische Revolution 1789 führte zu einem Paradigmenwechsel: Als das Volk gegen das *Ancien Régime* aufbegehrte, fielen mit den Schranken der Ständegesellschaft auch die Gitter der höfischen Menagerie von Versailles. Deren kostspieliger Unterhalt wurde als verschwenderischer Luxus der Königsfamilie kritisiert, und 1793 wurden die Tiere aus dem privaten Besitz in die Ménagerie du Jardin des Plantes überführt. So wurde in Paris die erste wissenschaftlich geführte, öffentliche und unentgeltliche Menagerie gegründet – die Urform unserer heutigen Zoos.

Humboldt, der mit der Französischen Revolution sympathisierte und 1790 mit Georg Forster[2] in Paris ihr Augenzeuge wurde, bewertete die Zoologie Buffons kritisch. In seinem Spätwerk *Kosmos* moniert er, dass dieser Tiere in Amerika beurteilt habe, ohne Mitteleuropa jemals verlassen zu haben. Humboldt bezieht sich damit auf die Ende des 18. Jahrhunderts vorherrschende und auch von Buffon geteilte These, dass der amerikanische Kontinent als »Neue Welt« dem europäischen in jeder Hinsicht unterlegen sei. Das lasse sich an den menschlichen Kulturgütern ebenso ablesen wie an der Geologie und der Pflanzen- und Tierwelt – etwa an der schieren Größe der Tiere. Selbst Hegel argumentiert noch in den 1820er Jahren in seinen *Vorlesungen über die Philosophie der Weltgeschichte*: »Die Tierwelt weist Löwen, Tiger, Krokodile auf; aber diese haben zwar die Ähnlichkeit mit den Gestaltungen der Alten Welt, sind aber in jeder Rücksicht kleiner, schwächer, unmächtiger.« Eine Einschätzung, die er sich von Buffon geliehen hat.

Als Augenzeuge der Neuen Welt erkennt Humboldt, dass Buffon, Hegel und andere meilenweit danebenliegen. Eher, so stellt er fest, schmeichele diese Auffassung der Eitelkeit der Europäer. Durch Vermessungen der Tiere weist er ihre wahre Größe nach und höhnt Jahre später in einem Brief an Varnhagen von Ense über die »schwachen kraftlosen (leider 25 Fuß langen)«

2 Deutscher Naturforscher (1754–1794), begleitete den englischen Seefahrer James Cook auf dessen zweiter Weltumsegelung 1772–1775, bereiste 1790 mit Humboldt Holland, England und das revolutionäre Paris.

Krokodile in Hegels Beschreibungen. Mit solchen Spitzen spart er auch in den hier vorgelegten Tiertexten nicht, sie finden sich oft subtil in Fußnoten oder Nebensätzen: »Denn der Tiger der Guayana ist gar nicht so feige, als Buffon behauptete, der Jaguar und Tigerkatzen verwechselte.« Humboldt begegnet den kolonialen Thesen mit seriöser Feldforschung: Am Orinoco seziert er eine Seekuh und misst neben der Gesamtlänge jedes einzelne Körperteil aus: Länge und Dicke des Schwanzes, Entfernung des Afters von der Schwanzwurzel, dessen Distanz zur Geschlechtsöffnung, deren Entfernung zum Nabel, vom Nabel zu den Zitzen, von den Zitzen zur Spitze der Unterlippe, den Überhang der Oberlippe zur Unterlippe, die Breite der Schnauze und der Flossen, die Tiefe der Nasenlöcher, die Länge und Breite der Zunge, deren Überhang zu den Zähnen und so weiter. Was für eine Kluft zu Buffons Forschung, der in seinen Tiertexten mit Zahlen äußerst sparsam umgeht und mit Angaben wie »groß« und »klein« pauschalisiert.

Humboldts Einsicht in die Ebenbürtigkeit des vermeintlich unterentwickelten Kontinents zeigt sich auch in einem Brief, den er am 25. September 1802 aus Lima an seinen Bruder Wilhelm schickt. Zunächst berichtet Humboldt ihm von der Stärke der Krokodile: Selbst die kleineren Krokodile könnten »mit ihren Zähnen einen Finger abbeißen; und sie sind kühn genug, mit Hunden anzubinden«. Und dann hebt Humboldt die fortschrittliche Medizin der indigenen Bevölkerung hervor – just an einer Stelle, an der sie sich im Zusammenprall mit der Tierwelt beweist. Humboldt beschreibt, wie einem jungen Mädchen in der venezolanischen Stadt Uritucu von einem Krokodil der Arm abgebissen wird, und lobt dabei die »Geschicklichkeit der Indianer bei der Heilung dieser gefährlichen Wunde«. Die Operation sei so erfolgreich verlaufen, »als wenn der Arm in Paris abgelöset und die Pazientinn dort behandelt worden wäre«. Humboldt geht aus eigener Anschauung gegen die Vorurteile an, nach denen die Indigenen als wild, barbarisch und rückständig galten. Dass ein Auszug aus diesem Brief zwei Jahre später in der *Neuen Berlinischen Monatschrift* publiziert wird und somit Eingang ins bedeutendste Forum der deutschen Aufklärung findet – Kant publizierte hier einst seinen programmatischen Essay »Was ist Aufklärung?« –, dürfte kein Zufall sein. Die auflagenstarke Zeitschrift sah sich in der Pflicht, in einem »Kampfe der Vernunft gegen verjährte Meinungen oder ganz neue

Vorurtheile« vorzugehen. Humboldts Schilderungen aus Südamerika wurden von den Zeitgenossen also als das erkannt, was selbst die Beschreibungen von Tieren unterschwellig immer waren: aufklärerische und skeptische Texte, die für die Gleichheit und Ebenbürtigkeit aller Weltteile eintreten.

Humboldt, zwar selbst privilegiert – anders hätte er sich eine kostspielige Forschungsreise nicht leisten können –, trat mit bemerkenswerter Offenheit ein für die Errungenschaften der Neuen Welt. Sein Blick auf die wahren Größenverhältnisse des neuen Kontinents wird bis in die heutige Zeit in der Kunst thematisiert: Der kolumbianische Künstler José Alejandro Restrepo präsentiert 1994 eine Installation mit dem Titel »El cocodrilo de Humboldt no es el cocodrilo de Hegel« – *Humboldts Krokodil ist nicht Hegels Krokodil*. Auf einem Maßband an der Wand verzeichnet er sowohl die von Hegel als auch die von Humboldt angegebene Länge der Krokodile und führt dem Publikum deren gewaltigen Unterschied vor Augen. Auf zwei Monitoren sind Krokodile zu sehen, die den Kontrast mit einem Augenzwinkern zu kommentieren scheinen. Die Verschränkung wissenschaftlicher Inhalte mit künstlerischer Interpretation ist typisch für Restrepos Schaffen an den Schnittstellen von Anthropologie, Geschichte und Politik. Mit seiner Installation greift Restrepo den damaligen Disput um die Neue Welt auf, reflektiert die Wahrnehmungsdimensionen künstlerisch und hinterfragt Macht- und Abhängigkeitsverhältnisse zwischen der Alten und der Neuen Welt, die bis in die heutige Zeit fortbestehen.

Wie viel Mensch steckt im Tier?
Moskitos und Affen

In den Wäldern des Orinoco ist Humboldt nicht nur Augenzeuge – er erforscht die Neue Welt mit allen Sinnen. So kostet er von der Ameisenpastete, die die Indigenen aus zerstampften Insekten und Manioc-Mehl anrühren, und beschreibt den Ameisenteig als »einer auf Brodkrumen gestrichenen ranzigen Butter ähnlich«. Der Geruch des Jaguarkotes erinnert ihn an denjenigen der europäischen Katzen; die Ähnlichkeit der Laute mancher Affen mit Vogelstimmen veranlasst ihn dazu, die Kehlköpfe dieser Tiere miteinander zu vergleichen. Und am Rio Negro unterscheidet Humboldt die Moskitos an Art und Intensität der Stiche auf seiner Haut. Wie in den Jugendjahren bei seinen elektrophysiologischen Selbstversuchen setzt Humboldt den eigenen Körper als Messinstrument ein. Der Feldforscher streckt den Arm aus und betrachtet stoisch, wie sich die Mücke auf der Haut niederlässt und das menschliche Blut einsaugt. Nach dem Selbstversuch mit einem Moskito notiert Humboldt sachlich: »Während er saugt, hält er die beiden hintersten Füße in der Luft schwebend, und läßt man ihn nach Gefallen, ohne ihn zu stören, saugen, so wird die Stelle nicht schwellen und vollkommen schmerzlos seyn.« Auch hier versucht Humboldt sein subjektives Schmerzempfinden wissenschaftlich zu nutzen, dennoch besticht an dieser Szene eher sein zutraulicher Blick auf einen Blutsauger.

Wenn Humboldt bereits Insekten eine gewisse Empfindsamkeit meint zuschreiben zu können, wie charakterisiert und porträtiert er dann erst die Affen? Bis in die heutige Zeit provozieren unsere nächsten Verwandten in uns besonders starke Emotionen. Und auch Humboldt findet für den Löwenaffen von allen Tieren das am stärksten emotional gefärbte Vokabular: Er sei »lebhaft«, »fröhlich«, »gerne spielend« und gleichzeitig »hämisch« und »zu schnellem Zorne geneigt«. Außerdem beobachtet Humboldt an den kleinen Titi-Affen ein Verhalten, das man als ein soziales interpretieren kann: Da diese besonders sensibel auf eine Abkühlung der Luft reagieren würden, fänden sich bei Temperaturrückgang mehrere Affen in einem Kreis zusammen, um sich gegenseitig Wärme zu spenden.

Zu einem Schwarzkopfuakari entwickelt Humboldt sogar eine persönliche Bindung. Während seiner Schiffsreise auf dem Fluss Casiquiare kauft er den kleinen Affen mit dem schwarzen Kopf und seidigen Fell und führt ihn einige Zeit als Reisebegleiter mit. Nach dem Tod des Affen setzt er ein Kreuz in sein Tagebuch. Die Skizze, die Humboldt nach dem Modell des Affen anfertigt, enthält neben den Umrissen aus Tusche genaue Angaben zur Kolorierung der Zeichnung. Nach seiner Rückkehr übergibt er sie dem Tierzeichner des *Muséum national d'Histoire naturelle* in Paris, Nicolas Huët. Bei der Ausfertigung der Skizze (siehe Seite 77) hielt sich Huët zwar genau an die Farbanweisungen, verkleinerte jedoch die Hände und Füße so, dass der Affe auf dem Stich niedlicher und zutraulicher erscheint als auf Humboldts ursprünglichem Entwurf. Ob Humboldt diese Veränderung selber gewünscht hatte oder ob der Tiermaler den Affen subtil emotionalisierte, bleibt offen.

Obwohl Humboldt seine Tierskizzen in erster Linie anfertigte, um den zeitgenössischen Wissenschaftlern seine zoologischen Beobachtungen so präzise wie möglich zu verbildlichen, gingen sie nicht unbemerkt am gutbürgerlichen Lesepublikum vorbei. Fünf Jahre nach Humboldts Rückkehr aus Amerika thematisiert Goethe 1809 in seinem Roman *Die Wahlverwandtschaften* die ambivalenten Empfindungen gegenüber fremden Tieren. Nachdem Ottilie einen Folioband mit Affenbildern zu sehen bekam, verarbeitet sie diesen Anblick in ihrem Tagebuch: »Wie man es nur über das Herz bringen kann, die garstigen Affen so sorgfältig abzubilden. Man erniedrigt sich schon, wenn man sie nur als Thiere betrachtet; man wird aber wirklich bösartiger, wenn man dem Reize folgt, bekannte Menschen unter dieser Maske aufzusuchen.« Genau fünfzig Jahre vor Erscheinen von Charles Darwins *Origin of Species* schockierte der Gedanke, dass wir Menschen den Affen ähnlich seien. Die Tafeln mit den Affen, die Ottilie betrachtet hat, könnten aus Humboldts zoologischem Werk stammen; sie fügt ein paar Absätze später hinzu: »Nur der Naturforscher ist verehrungswerth, der uns das Fremdeste, Seltsamste, mit seiner Localität, mit aller Nachbarschaft, jedesmal in dem eigensten Elemente zu schildern und darzustellen weiß. Wie gern möchte ich nur einmal Humboldten erzählen hören.« Wie sich Abscheu und Anziehung in der Wahrnehmung fremdartiger und doch ähnlicher Wesen vereinen können, bringt Goethe hier auf den Punkt.

Die dunkle Seite der Aufklärung

Affenschinken und -gebrüll

Nicht vorzustellen, wie viel Platz Ottilie in ihrem Tagebuch hätte aufwenden müssen, wenn sie »Humboldten« von der folgenden Szene erzählen gehört hätte: Während seiner Reise wird er Zeuge, wie die Indigenen in den Wäldern am Orinoco Affen braten. Wir können uns die Szene mit der »indianischen Küche« (siehe Seite 62) heute bildlich vorstellen, weil Humboldt sie »an Ort und Stelle skizziert« hat und sie nach seiner Rückkehr aus Amerika dem Künstler Gottlieb Schick zur Ausarbeitung übergab, »dessen großes Bild der Sündfluth viel Ruf hat«. Auf den ersten Blick erscheint Schicks »Nächtliche Scene am Orinoco« wie das Gegenstück zur zerstörerischen Sintflut: Sie zeigt eine Menschengruppe, die im Wald ihr Nachtlager vorbereitet. Von links treten zwei europäisch gekleidete Männer ins Bild, auf der rechten Bildseite spielen nackte Menschen mit kleinen Affen. Die Szene könnte paradiesischer nicht sein, wäre nicht im Zentrum eine Feuerstelle abgebildet, auf der ein Affe gebraten wird. Als Betrachter fragt man sich, welcher der gerade noch munter spielenden Affen als nächster verspeist wird – oder ist der nächste gar ein Mensch? Im Feuerschimmer sind Menschen und Affen kaum voneinander zu unterscheiden. Humboldt kommentiert die aus heutiger Betrachtung erschreckende Nähe zum Kannibalismus nicht; er fügt der Szene lediglich hinzu: »Affenschinken sind ein Leckerbissen dieser Welt.«

Doch in seinem bereits erwähnten Reisebericht *Relation historique* greift er das Thema Kannibalismus auf. Hier erzählt er, wie ihm ausgerechnet der kultivierteste und gebildetste seiner indigenen Begleiter vom vorzüglichen Genuss menschlicher Handinnenflächen vorschwärmt. Verwerflich findet dies Humboldt nicht. In einer weit seiner Zeit vorausweisenden Überlegung relativiert er den Kannibalismus als ein Sozialisationsphänomen: »Den Eingeborenen wegen des abscheulichen Brauchs, von dem hier die Rede ist, Vorwürfe zu machen, hilft rein gar nichts; es ist gerade als ob ein Bramine vom Ganges, der in Europa reiste, uns darüber anließe, daß wir das Fleisch der Thiere essen.« Diese Szene greift Robert Musil 1923 in seinem Essay »Der deutsche Mensch als Symptom« auf und reflektiert mit Blick auf den Ersten Weltkrieg, wie schnell unter dem Deckmantel vermeintlicher Kultiviertheit das Barbarische des Menschen herausbrechen kann.

Die Nachtlager am Orinoco mit Hängematten und Feuerstellen sind in Humboldts Tiertexten eine wiederkehrende Kulisse. Am Abend des 1. April 1800 konzentriert sich Humboldt während einer solchen Nachtszene nur noch auf die Akustik im Urwald. Er beschreibt in seinem Tagebuch, wie nach 11 Uhr ein solcher Lärm entsteht, dass die Reisegruppe am Schlaf gehindert wird. Die Tierstimmen erklingen zuerst gleichzeitig, dann setzen sie nach einer kurzen Pause einzeln ein, und Humboldt bittet seine indigenen

Begleiter, sie den Tierarten zuzuweisen. Er selbst – vom Geiste der Aufklärung mit deren Leitsinn des Sehens geprägt – ist in einer rein akustischen Atmosphäre überfordert. Jahre später entwickelt Humboldt aus dieser akustischen Erfahrung einen Essay und schickt ihn inmitten der Wirren der Märzrevolution 1848/1849 an seinen deutschen Verleger Cotta. Mit diesem zeitlichen Entstehungskontext könnte die Szene als Humboldts Kommentar zum Zeitalter der Revolutionen verstanden werden, dessen Zeuge er war: Die einzelnen Tierarten scheinen sich mit ihrer Nachtaktivität im Schutz der Dunkelheit gegenseitig anzustecken, und wie ein Lauffeuer verbreitet sich das Stimmengewirr durch den Urwald. Ob Humboldt tatsächlich einen politischen Subtext anklingen lassen wollte oder nicht, bleibt offen. In seinem Essay ebbt die nächtliche ›Revolution‹ ebenso schnell ab, wie sie entstanden ist: Den Lärm der Nacht kontrastiert Humboldt wenig später mit der Stille in der heißen Mittagssonne des nächsten Tages, in der man sogar das Surren der Insekten hört.

Tierische Mahnmale

Papageien, Nachtvögel und Kondore

Eine Tierstimme dagegen, die nicht verstummt, ist jene des Aturenpapageis: In den Wäldern des Orinoco kursiert die Geschichte von einem alten Papagei, der als einziges Lebewesen die Sprache eines ausgestorbenen Volkes bewahrt hat und von niemandem mehr verstanden wird. Von ihm erzählt Humboldt, als er in seiner Abhandlung *Ueber die Wasserfälle des Orinoco bei Atures und Maypures* die Gruft des Volkes der Aturen besucht. Schon vor dem Eintritt in das Höhlengewölbe kündigt sich der Tod an: Die Reisenden drohen in die Tiefe zu stürzen, als sie die Gratwand zum Höhleneingang erklimmen. Alles ist »öde und eng« wie in einem Grab. Und nicht zuletzt schwebt der Totenvogel – ein Geier – über der Landschaft. In der Gruft angekommen, erfährt Humboldt von seinen Dolmetschern, dass die meisten Skelette nicht mehr als hundert Jahre alt sind. Menschenfressende Kariben hätten die Aturer vertrieben, und auf der Flucht verstarben sie auf den Klippen der Wasserfälle. In ebendiesem Moment fällt Humboldt die Legende vom alten

Papageien ein, und in seiner Gestalt tritt die Frage auf, was die Sprachen der Menschen von denjenigen der Tiere unterscheidet. Können sich Tiere dem Menschen sprachlich mitteilen?

Die Tierstimmen im nächtlichen Urwald ließen sich mit Aristoteles als *phônê* – Laute – beschreiben, wohingegen der Aturenpapagei das *logos* – das Wort – besetzt. Durch ihn werden die Geschichten und Mythen des untergegangenen Volkes am Leben erhalten. Doch ist der Papagei bloßer Tonträger oder denkt er seine Worte mit? Erinnert er sich an sein Volk oder ahmt er emotionslos die Sätze nach, die ihm die Aturer beigebracht haben?

Der mit Humboldt befreundete Altertumsforscher Ernst Curtius hat, inspiriert durch diese Szene, ein romantisches Gedicht zum Aturenpapagei verfasst. Darin lässt er den Vogel um das Volk trauern und beschreibt seine »bangen Klagen«, die er »unverstanden, /// In die fremde Welt« ruft:

In der Orinoco-Wildniß
Sitzt ein alter Papagei,
Kalt und starr, als ob sein Bildniß
Aus dem Stein gehauen sei.

Schäumend drängt durch Felsendämme
Sich des Stroms zerrißne Fluth,
D'rüber wiegen Palmenstämme
Sich in heitrer Sonnengluth.

Wie hinan die Welle strebet,
Nie erreichet sie das Ziel;
In den Wasserstaub verwebet
Sich der Sonne Farbenspiel.

Unten, wo die Wogen branden,
Hält ein Volk die ew'ge Ruh;
Fortgedrängt aus seinen Landen,
Floh es diesen Klippen zu.

Und, es starben die Aturen,
Wie sie lebten, frei und kühn;

Ihres Stammes letzte Spuren
Birgt des Uferschilfes Grün.

Der Aturen allerletzter,
Trauert dort der Papagei;
Am Gestein den Schnabel wetzt er,
Durch die Lüfte tönt sein Schrei.

Ach die Knaben, die ihn lehrten
Ihrer Muttersprache Laut,
Und die Frauen, die ihn nährten,
Die ihm selbst das Nest gebaut:

Alle liegen sie erschlagen
Auf dem Ufer hingestreckt,
Und mit seinen bangen Klagen
Hat er Keinen aufgeweckt.

Einsam ruft er, unverstanden,
In die fremde Welt hinein;
Nur die Wasser hört er branden,
Keine Seele achtet sein.

Und der Wilde, der ihn schaute,
Rudert schnell am Riff vorbei;
Niemand sah, dem es nicht graute,
Den Aturen-Papagei.

Stärker als in Humboldts Erzählung ist der Papagei in diesem Gedicht ein mythisches Wesen, ein Bote aus dem Totenreich, der die Menschen in seiner Umgebung erschauern lässt. Jahre nach Humboldts Tod spricht der Papagei noch immer: Mário de Andrade benutzt im Gründungsroman der brasilianischen Moderne *Macunaíma* (1928) die Legende des Papageis als Kunstgriff. Nach einer langen Irrwanderung des Romanhelden durch die Urwälder Brasiliens tritt zuletzt ein Papagei auf, der sich als eigentlicher Erzähler offenbart: Nur er konnte die Geschichte noch wiedergeben, alle anderen

Stammesmitglieder sind verstorben. Papageien sind auch in Humboldts Abbildung des nächtlichen Affenmahls versteckt: links von der Feuerstelle finden sich drei Exemplare dieser schönen Urwaldvögel, die, will man sie als Todesboten lesen, die Szene noch schauerlicher machen.

Einem anderen Höhlenvogel aus Humboldts Reiseberichten widmet Erich Fried 1969 das Gedicht »Der Guacharo«. Er prangert darin die europäischen Missionare an, die den Indigenen den Respekt vor dem Tier im vermeintlichen Dienste der Aufklärung ausgetrieben hätten. Erst seitdem sie sich in die Höhle getrauten, hätten sie den wirtschaftlichen Nutzen der Nachtvögel erkannt – aus ihrem Bauchfett lässt sich Öl für Lampen herstellen, mit denen man noch tiefer in die Höhlen vordringen und noch mehr Nachtvögel für neues Öl fangen kann. Nachdem bereits Humboldt kritisch auf die Plünderung der Guácharos hinweist, prophezeit Erich Frieds Gedicht das Aussterben dieses Vogels.

Wie eine Erlösung aus den düsteren Höhlenepisoden liest sich zunächst die Schilderung des dritten Vogels in Humboldts Tiertexten, des Andenkondors. Ihn porträtiert Humboldt in einer längeren Abhandlung und auf zwei Bildtafeln (siehe Seite 124 und 126). Von allen Tieren verleiht Humboldt dem Kondor in seiner Beschreibung am meisten Erhabenheit: Er weist ihm Attribute wie »Stärke« und »Kühnheit« zu und beschreibt, wie er mit »unumschränkter Gewalt das weite Gebiet der Luft« beherrsche. Er tritt als würdevolles, dem Menschen beinahe übergeordnetes Tier auf, das sich entgegen allen Legenden nicht dazu herablässt, Menschen oder Kinder zu reißen: »niemals hat man gehört, daß diese von Condorn umgebene Kinder von ihnen wären angefallen oder getödtet worden«. Umgekehrt zeigt der Mensch aber auch bei diesem majestätischen Tier seine Grausamkeit: Um europäische Reisende zu ergötzen, locken die Indigenen den Kondor mit dem Geruch toter Kühe oder Pferde an. Der ausgeprägte Geruchssinn des Kondors wird ihm zum Verhängnis. Ungestört lassen die Indigenen den Kondor das Opfertier verschlingen und warten ab, bis er zu vollgefressen ist, um wieder davonzufliegen. So wird er eine leichte Beute und kann mit Schlingen gefangen werden. Die Vorführung, bei der der lebendig gefangene Vogel leidet, verurteilt Humboldt in seinem Bericht – obwohl er nur dadurch überhaupt zur Vermessung der Kondore gelangt.

Heute ist der Andenkondor mit geschätzt 10 000 lebenden Exemplaren vom Aussterben bedroht. Obwohl er in der Populärkultur sehr präsent ist – so muss das Tier als Namensgeber für schnelle Autos, Fluggesellschaften oder eine Schrotflinte dienen –, wurde Humboldts Kondor im Gegensatz zu den beiden anderen Vögeln bisher kein literarischer Nachruhm zuteil.

Zoologie in Wechselwirkung

Kraterfische, Moskitos und Nachtvögel

Höher als die Kondore gelangen nur die Kraterfische – wenn auch unfreiwillig: Bei Ausbrüchen werden sie aus den Vulkanen ausgeworfen und fliegen lebendig durch die Lüfte. Im Gegensatz zu den Kondoren interessiert Humboldt an diesen Fischen in der Luft ihr massenhaftes Erscheinen: Von der Tatsache, dass eine so große Zahl der Tiere aus dem Innern der Erde austritt, leitet Humboldt die Existenz beträchtlicher unterirdischer Seen ab. Dass die Fische lebendig und unversehrt an die Oberfläche gelangen, führt Humboldt auf die geringere »Entbindung von Wärmestoff« im Vergleich mit europäischen Vulkanausbrüchen zurück. Und nicht zuletzt stellt Humboldt Bezüge zur höhlenbotanischen Forschung während seiner Jugendjahre her: Weil die unterirdisch lebenden Kraterfische nicht an Sonnenlicht gewöhnt sind – wie die unterirdischen Pflanzen, die er in seinen früheren Studien beschreibt –, gelingt der Fischfang den Indigenen nur in dunklen Nächten; bei Sonnenlicht oder Mondhelle bleiben die Kraterfische im Erdinnern.

In Schwärmen treten auch die Moskitos auf. Humboldt nennt Landstriche, in denen die Mücken in Wolken auftreten und wo die Plage am größten ist, daneben zählt er Gegenden auf, deren Bewohner sich der gänzlichen Abwesenheit der Insekten erfreuen können. In seinem Reisebericht geht Humboldt diesen Unterschieden klimatologisch auf den Grund: Sind es zu- oder abnehmende Feuchtigkeit, Dichte der Wälder oder Höhenlage, die Moskitos anziehen oder vertreiben? Er erkennt, dass sich das Klima nicht nur auf die Mückenschwärme auswirkt, sondern Windstille oder Hitze auch den Schmerz bei Stichen erhöhen. Weiter beobachtet Humboldt, dass das Austrocknen und die Entholzung bestimmter Gegenden im Laufe der Zeit einen Rückgang an Moskitos nach sich ziehe. Was auf den ersten Blick positiv klingen mag – endlich keine Mückenplage mehr –, ist nichts anderes als der Eingriff des Menschen in ein natürliches Ökosystem. Am Beispiel der Mücken deutet Humboldt bereits um 1800 an, was sich heute zur größten, selbst geschaffenen Bedrohung der Menschheit ausgewachsen hat.

Bei der Beschreibung des Nachtvogels steht nicht das Tier im Mittelpunkt von Humboldts Forschung, sondern dessen Behausung – die Guácharohöhle, die man heute im nordvenezolanischen Nationalpark »El Guácharo« besichtigen kann. Auch hier knüpft Humboldt an seine Forschung und Reisen der Jugendjahre an und vergleicht die riesige Tropfsteinhöhle in ihrer geologischen Beschaffenheit mit Höhlen in den Alpen, in Franken oder in Freiberg. Wenn Humboldt das weitverzweigte System aus Gängen und Kanälen beschreibt, in dem keine Fossilien zu finden sind – die Höhle bietet also nicht einmal Platz für tote Tiere –, so wird die Furcht der Indigenen vor dem Höhlenvogel Guácharo nachvollziehbar. Einen Kontrast zur dunklen Gruft bildet dabei die malerische Landschaft vor der Höhle. Gegenüber der Grottenöffnung liegt eine »reich bewachsene Landschaft, eine sehr mahlerische Ansicht«. Beim Eintritt in die Höhle muss sich der Reisende von den Pflanzen verabschieden, die sich »majestätisch« um den Eingang der Höhle ranken. Die chemische Zusammensetzung der Luft innerhalb der Gewölbe unterdrückt selbst das Wachstum von Höhlengewächsen wie Moosen oder Flechten.

Dieser Kontrast hat den deutschen Landschaftsmaler Ferdinand Bellermann zu seinem berühmtesten Gemälde »Die Guácharo-Höhle« (siehe Seite 80) inspiriert: Humboldt verhalf dem fünfundvierzig Jahre jüngeren Künstler zu einem Reisestipendium für eine Exkursion nach Venezuela in den Jahren 1842–1845, wo er den Höhleneingang aus eigener Anschauung malen konnte. Im Grunde hat Humboldt – ebenso, wie er es bei den Tierbildern tat –, das Gemälde Bellermanns schon in seinem Text vorskizziert: Die Beschreibung der Höhe ist so bildhaft gestaltet, dass sie eine Ansicht der Natur entwirft, ein *tableau de la nature*, die der Landschaftsmaler nur noch auf die Leinwand bringen musste. So ist es nicht der Nachtvogel selbst, der in der bildenden Kunst thematisiert wird, sondern dessen Lebensraum.

Wenn Humboldt Tiere wie die Moskitos, die Kraterfische oder den Lebensraum des Nachtvogels beschreibt, dann ist er nicht in erster Linie Zoologe, sondern Klimatologe, Vulkanologe und Geologe. Oder er ist ein Kulturwissenschaftler, der sich bei dem Kampf der Aale mit Pferden mitten im heftigsten Getümmel zurücklehnt und ein berühmtes Gemälde beschreibt, an das ihn die Szene erinnert. Humboldt folgt den Tieren mit Fragestellungen, die weit mehr als die zoologischen Interessen der Zeit betreffen. Seine Forschung ist von den sich aufdrängenden Fragen geleitet und ordnet sich nicht disziplinären Zwängen unter. An den beobachteten Tieren leitet Humboldt Wissen über die sie umgebende Umwelt ab. So ergibt es sich von selbst, dass er die Tiere nicht isoliert, sondern in Wechselwirkung mit der Natur und den Menschen studiert. In diesen Texten tritt Humboldts ganzheitliches Naturverständnis in Erscheinung.

Zoologie am einzelnen Tier

Das Krokodil, der Zitteraal und die Seekuh

Zum Zoologen wird Humboldt immer dann, wenn er ein einzelnes Tier aus der Masse des Schwarms löst und es genauer beschreibt. So zoomt er auch in der Abhandlung über die Kraterfische näher an ein Exemplar dieser Gattung heran und erkennt an ihm, dass Kraterfische die einzige Spezies mit zwei Bartfäden sind. Die Tiere, die Humboldt als Einzelexemplare eingehender beschreibt oder zeichnet, stehen dabei meist kurz vor dem Tod oder sind sogar schon tot. Überspitzt ließe sich sagen, dass Tiere erst in ihrem Todeskampf zu Protagonisten von Humboldts Forschung werden. Trotz seines ökologischen Bewusstseins konnte Humboldt – angetrieben durch seinen unerschöpflichen Wissensdrang – nicht darauf verzichten, einzelne Exemplare aus ihrem natürlichen Lebensraum zu lösen, zu Forschungszwecken mit sich zu führen und zu sezieren. So transportiert er während seiner Reise ein junges Krokodil in einer Schachtel, um gelegentlich unter Glasglocken Versuche zur Atmung durchzuführen. Dass er auf einer Bildtafel dessen Atmungs- und Stimmorgane so präzise dokumentieren konnte, verrät, dass er das junge Krokodil nach dessen Tod seziert haben muss. Einen lebenden Zitteraal bringt Humboldt gar nach Paris mit, um dort seine elektrophysiologischen Versuche fortzuführen. Leider verstirbt der Aal nach kurzer

Zeit, »weil man ihn zu sehr quälte«, wie in einem Brief Humboldts an seinen Bruder Wilhelm zu lesen ist. Nach diesem Exemplar skizziert Humboldt den senkrechten Durchschnitt des Gymnotus electricus, der auf einer Bildtafel veröffentlicht wird (siehe Seite 19).

Von seiner zweiten großen Forschungsreise nach Zentralasien, die er 1829 im Alter von sechzig Jahren antritt, bringt er das Fell einer Schneeleopardin, das Skelett einer männlichen Saiga-Antilope, die abgezogene Haut eines Rotfußfalkens und zahlreiche Fische, Schlangen und Kröten mit. Längst zu einer berühmten Persönlichkeit geworden, werden ihm bis zu seinem Lebensende Tierpräparate oder auch lebende Tiere geschenkt, so ein Papagei aus Madagaskar, den er in seinem Arbeitszimmer an der Oranienburger Straße hält. Das Präparat dieses Vogels ist heute im Berliner Museum für Naturkunde zu betrachten, wie auch einige andere Tierpräparate aus Humboldts zoologischer Sammlung.

Obwohl andere Wissenschaften wie die Botanik oder die Geologie in Humboldts Biographie stärker als Leitdisziplinen hervortreten, ist auch die Zoologie weit über seine beiden Forschungsreisen hinaus präsent. Als Achtzigjähriger schreibt er an seinen Verleger Cotta, dass seine Reisetagebücher in Hinblick auf das Tierleben noch nicht gänzlich ausgeschöpft seien. Einige seiner Skizzen und Notizen wertet er mit Verzögerung aus. So vergeht ein Zeitraum von fast vierzig Jahren, bevor Humboldts Untersuchungen zur Seekuh mit zwei Bildtafeln veröffentlicht werden. Die anatomischen Zeichnungen, die als Vorlage für diese Kupferstiche dienten, hatte Humboldt verlegt oder verloren, wie er in einem Brief an einen befreundeten Wissenschaftler gesteht. Nachdem sie wiedergefunden wurden, erscheinen sie 1838 im *Archiv für Naturgeschichte*. Der Zoologe Friedrich August Wiegmann übersetzt den Forschungsbericht aus Humboldts französischsprachigem Manuskript, das er auf seiner Reise geführt hatte, und fügt ihm einen ausführlichen Kommentar hinzu. Stolz spricht aus Wiegmanns einleitender Fußnote, wenn er schreibt:

> Herr v. Humboldt, dessen zoologische Tagebücher noch so manche ungedruckte Notizen enthalten, hat lange angestanden, mir dieses Fragment über den Manati des Orinoko mit-

zutheilen. Ein besonderes Interesse wird aber diese sorgfältige Beschreibung noch dadurch erhalten, daß dieselbe in der Gestalt, in welcher wir sie hier geben, vor fast 40 Jahren am Orinoko selbst entworfen wurde.

Auf diese Daten und Messungen bezieht sich wenig später kein geringerer als der »Tiervater« Alfred Edmund Brehm. Mit seinem *Illustrirten Thierleben. Eine allgemeine Kunde des Thierreichs* (1864–1869) revolutionierte er nach Humboldts Tod das Tierbild seiner Zeit und vieler nachfolgender Generationen. Seine Texte sollten nicht nur belehren, sondern auch unterhalten und vor allem dem Lesepublikum die Liebe zur Natur vermitteln. Humboldt kannte den sechzig Jahre jüngeren Zoologen und Schriftsteller persönlich: Brehm stattet ihm 1856 in Berlin einen Besuch ab, bevor er zu einer Forschungsreise nach Spanien aufbricht. Der fast neunzigjährige Humboldt überreicht ihm bei diesem Treffen ein Empfehlungsschreiben für den preußischen Gesandten in Madrid, um dem Jüngeren das zu erleichtern, was der Greis nicht mehr kann: reisen und dabei die Natur erforschen. Brehms bis in die heutige Zeit immer wieder gelesenes vielbändiges *Thierleben* zeigt, wie intensiv sich dieser vor, während und nach seiner Reise mit Humboldts Tiertexten auseinandersetzte. Oft lässt er ihn als Pionier auftreten: So sei Humboldt der Erste, der die immense Größe der Schwimmblase von Hochflugfischen hervorgehoben oder den Kehlkopf des Brüllaffen zergliedert und untersucht habe. Seiner Beschreibung des Manati fügt Brehm an: »Die ersten genauen Angaben über das Tier verdanken wir Humboldt.«

Humboldts Tierleben

Im Gegensatz zu Brehm hat Humboldt nie ein populärwissenschaftliches Tierleben geschrieben. Tierepisoden aus seinem Gesamtwerk wurden aber in der Tagespresse und in Unterhaltungsblättern in großer Zahl nachgedruckt: Unter dem Titel »Stories of Crocodiles« erschienen Humboldts Beobachtungen der Krokodile 1821 im *Manchester Guardian* oder im *Saturday Magazine* in Philadelphia und New York. Die Beschreibung des Guácharo wurde in der *Naturgeschichte für Kinder, die merkwürdigsten fremden Thiere* aufgenommen, und der Aufsatz zu dessen Höhle erschien in Zeitschriften wie *Wonders of Nature and Art.* International am breitesten rezipiert wurde der Text zum nächtlichen Tierleben: Die deutsche Erstpublikation wurde in die Sprachen Englisch, Französisch, Spanisch, Portugiesisch, Niederländisch, Polnisch und Russisch übersetzt. Noch zu Humboldts Lebzeiten erschienen Nachdrucke in Zeitschriften und Zeitungen auf fünf Kontinenten: An europäischen Publikationsorten, im heutigen Südafrika (Pietermaritzburg), Brasilien (São Luís), in Moskau und in zahlreichen US-amerikanischen Städten. Und die Beschreibung des Kampfes zwischen Zitteraalen und Pferden wurde zu Humboldts Lebzeiten über fünfzig Mal nachgedruckt; in Cottas *Morgenblatt für gebildete Stände*, in der *Innsbrucker Zeitung*, in französischen, holländischen, ungarischen und russischen schöngeistigen Journalen. Die britische Wochenzeitung *The Observer* veröffentlichte 1849 einen Auszug aus der Abhandlung unter der Rubrik »Novel or Strange«, und in der US-amerikanischen Tagespresse erschien der Text in Blättern wie *Commercial* oder *Republican and Patriot.*

So wurde Humboldts Tierleben von seinen Zeitgenossen popularisiert, ohne dass er selbst es beabsichtigt hätte. Gleichzeitig führte dies dazu, dass die von ihm beschriebenen Tiere in den Fokus der öffentlichen Aufmerksamkeit rückten und bis heute sowohl in der Literatur und in den Künsten als auch in der zoologischen Forschung verarbeitet werden. Etwa im Fall der Zitteraale: Lange Zeit war umstritten, was Humboldt in den Sümpfen des Orinoco beobachtet haben wollte, Humboldts Bericht wurde von Forschern als »poetically transfigured«, als »tommyrot« oder »tales« bezeichnet. Erst 2016 konnte der US-amerikanische Biologe Kenneth Catania nachweisen, dass die elektrischen Aale tatsächlich potenzielle Feinde mit ihren Stromschlägen angreifen, er bezieht sich in seinem Forschungsbericht explizit auf Humboldt. Mit anderen Vermutungen hingegen lag Humboldt falsch, so weiß man heute, dass das Meeresleuchten nicht von Fasern toter Meerestiere hervorgerufen wird, sondern von Mikroorganismen wie Algen. Die Rezeption in Kunst und Kultur hängt nicht zwingend mit Humboldts zoologischen Leistungen zusammen, im Gegenteil: Den bislang bedeutendsten literarischen Nachruhm erfuhr ausgerechnet ein Tier, das für Humboldt nie ein zoologischer Forschungsgegenstand war, sondern den er nur am Rande erwähnt: der Aturenpapagei. So zufällig wie Humboldts Zoologie entstanden ist, so zufällig scheint auch sein Tierleben rezipiert zu werden.

Trotz der wissenschaftlichen, kulturellen und sozialpolitischen Impulse, die von »Humboldts Tieren« ausgehen, wurden die meisten seiner Tiertexte bislang nach ihrem Erscheinen nicht neu aufgelegt. Mit diesem Buch soll diese Lücke geschlossen werden. Wir können Humboldts Tiere als Botschafter aus einer Welt lesen, die für das damalige Lesepublikum neu war und für uns trotz der zeitlichen Distanz nicht veraltet ist. Die Rezeption der Tiertexte in Kunst und Literatur legt Themen offen, die man von zoologischem Material auf den ersten Blick nicht erwarten würde. Die Texte verbinden die Natur- mit der Kulturgeschichte und schlagen Brücken über den Atlantik und die Jahrhunderte. Im Gegensatz zu anderen Disziplinen sind Humboldts zoologische Texte besonders narrativ, sie führen uns durch die verschiedenen Lebensräume, dokumentieren seine Reiseroute und den damaligen Wissensstand. Und anders als abstraktere Forschungsgegenstände wie Wind, Gesteine oder Klima produzieren die Tiere für die Menschen nachvollziehbare Emotionen. Einiges konnten wir uns mit diesem Band neu vergegenwärtigen, vieles gibt es noch zu entdecken. Wenn der Papagei in Humboldts Arbeitszimmer noch leben würde, welche weiteren Geschichten aus Humboldts Tierleben hätte er wohl zu erzählen?

Verwendete Literatur

Humboldt am Tag seiner Abreise: Brief Humboldts an Karl von Moll, La Coruña, 5.6.1799, in: »Alexander von Humboldt an den Herausgeber aus Corunna am 5.Jun.1799«, in: *Jahrbücher der Berg- und Hüttenkunde* 4:1 (1799), S.399–401, hier S.400.

Humboldt zum Meeresleuchten: Alexander von Humboldt, *Reise durch Venezuela. Auswahl aus den amerikanischen Reisetagebüchern*, herausgegeben von Margot Faak, Berlin: Akademie 2000, S.59–60, S.65.

Humboldts eigene Ankündigung seines Reisewerks: Alexander von Humboldt, *Briefe aus Amerika. 1799–1804*, herausgegeben von Ulrike Moheit, Berlin: Akademie 1993, S.122, S.124.

Anzeige von Cotta und Schoell: Johann Georg Cotta/Friedrich Schoell: »Humboldts und Bonpland's Reise«, in: *Allgemeine Geographische Ephemeriden* 23 (1807), S. 227–237, hier S. 231.

Humboldt zum Drachenbaum: Alexander von Humboldt, *Kosmos. Entwurf einer physischen Weltbeschreibung,* 5 Bände, Stuttgart / Tübingen: J. G. Cotta 1845–1862, hier Band 2 (1847), S. 5.

Zitat zum Leid der Frösche: Alexander von Humboldt, *Versuche über die gereizte Muskel- und Nervenfaser,* 2 Bände, Posen: Decker und Compagnie / Berlin: Rottmann 1797, hier Band 1, S. 290.

Fische in ihrem »Vaterlande zu beobachten«: Alexander von Humboldt, *Beobachtungen aus der Zoologie und vergleichenden Anatomie,* Tübingen: Cotta / Paris: Levrault, Schœll und Compagnie 1806, S. 54.

Zur Vorführung der elektrischen Aale: Stanley Finger / Marco Piccolino, *The Shocking History of Electric Fishes. From Ancient Epochs to the Birth of Modern Neurophysiology,* New York: Oxford University Press 2011, S. 281–282.

Zu den Versuchen mit Aalen und Pferden: Oliver Lubrich, »Humboldts Schatten«, in: *UniPress*, Bern 2018, S. 22–23, hier S. 22.

Zur Kulturgeschichte des Zoos: Eric Baratay / Elisabeth Hardouin-Fugier, *Zoo. Von der Menagerie zum Tierpark,* aus dem Französischen von Matthias Wolf, Berlin: Klaus Wagenbach 2000.

Hegel über den amerikanischen Kontinent: G. W. F. Hegel, *Vorlesungen über die Philosophie der Weltgeschichte,* herausgegeben von Johannes Hoffmeister, 4 Bände, Hamburg: Meiner 1988–1994, hier Band 1, S. 200.

Humboldts Brief an Varnhagen von Ense: *Briefe von Alexander von Humboldt an Varnhagen von Ense aus den Jahren 1827 bis 1858,* herausgegeben von Ludmilla Assing, Leipzig: Brockhaus 1860, S. 45.

Zur Berlinischen Monatschrift: Johann Friedrich Biester, »Vorrede«, in: *Neue Berlinische Monatschrift* 1 (Januar 1799), S. 3–6, hier S. 5.

Zu Restrepos Kunstwerk: Oscar Ardila Luna, »Naturdarstellung in postkolonialen Zeiten«, in: *Objektivität und Imagination. Naturgeschichte in der Kunst des 20. und 21. Jahrhunderts*, herausgegeben von Annerose Keßler / Isabelle Schwarz, Bielefeld: transcript 2018, S. 327–342, hier S. 328–329.

Zum Schwarzkopfuakari / Zum Leibkrokodil / Zum gequälten Zitteraal in Paris: Petra Werner, *Naturwahrheit und ästhetische Umsetzung. Alexander von Humboldt im Briefwechsel mit bildenden Künstlern,* Berlin: Akademie 2013, S. 54, S. 55–56, S. 60.

Aus Ottilies Tagebuch: Johann Wolfgang von Goethe, *Die Wahlverwandtschaften. Ein Roman,* 2 Bände, Tübingen: J. G. Cotta 1809, hier Band 2, S. 148.

Zur Affenszene in den Wahlverwandtschaften / Zum Affenmahl: Oliver Lubrich, »Humboldts Bilder: Naturwissenschaft, Anthropologie, Kunst«, in: *Alexander von Humboldt. Das graphische Gesamtwerk,* herausgegeben von Oliver Lubrich unter Mitarbeit von Sarah Bärtschi, Darmstadt: Lambert Schneider 2014, S. 7–28, hier S. 10–11, S. 15–16.

Phônê und Logos bei Aristoteles: Alexander Kling, »Die Tiere der politischen Theorie«, in: *Tiere. Kulturwissenschaftliches Handbuch,* herausgegeben von Roland Borgards, Stuttgart: J. B. Metzler 2016, S. 97–110, hier S. 101.

Gedicht zum Aturen-Papagei: Ernst Curtius, [Der Aturen-Papagei], in: Alexander von Humboldt, *Ansichten der Natur mit wissenschaftlichen Erläuterungen. Dritte verbesserte und vermehrte Ausgabe*, 2 Bände, Stuttgart / Tübingen, J. G. Cotta 1849, Band 1, S. 314–316.

Der Papagei in der brasilianischen Literatur: Mário de Andrade, *Macunaíma o heroi sem nenhum caracter,* São Paulo: Oficinas graficas de E. Cuplo 1928, S. 281–283. Vgl. dazu Rex Clark / Oliver Lubrich, »Introduction. Imagining Humboldt«, in: *Transatlantic Echoes. Alexander von Humboldt in World Literature,* herausgegeben von denselben, New York / Oxford: Berghahn 2012, S. 1–31, hier S. 18.

Gedicht zum Guácharo: Erich Fried, »Der Guacharo«, in: *Die Beine der größeren Lügen. Einundfünfzig Gedichte,* Berlin: Klaus Wagenbach 1969, S. 26; Vgl. dazu Clark / Lubrich, S. 2.

Die aus Zentralasien mitgebrachten Präparate: Alexander von Humboldt, *Zentral-Asien. Das Reisewerk zur Expedition von 1829,* neu bearbeitet und herausgegeben von Oliver Lubrich, Frankfurt am Main: S. Fischer 2009, »Sammlungen, Zoologie« im Bildteil B9–B12.

Zu Humboldts Papagei: Matthias Glaubrecht, »Wie Humboldts Papagei ins Museum kam«, in: *Tagesspiegel* (3. 11. 2004).

Humboldt zu seinen Skizzen der Seekuh: Brief Humboldts an Jean Baptiste Boussingault, Berlin, 17. 6. 1836, in: Alexander von Humboldt, Jean-Baptiste Boussingault. *Briefwechsel,* herausgegeben von Ulrich Päßler / Thomas Schmuck, Berlin: de Gruyter 2015, S. 382–385.

Brehm zum Manati: Alfred Edmund Brehm, *Brehms Tierleben. Allgemeine Kunde des Tierreichs,* 3. Auflage, herausgegeben und neubearbeitet von Eduard Pechuel-Loesche, 10 Bände, Leipzig / Wien: Bibliographisches Institut 1890–1893, hier Band 3, *Die Säugetiere,* S. 555–556.

Aktuelle Forschung zum Zitteraal: Kenneth C. Catania, »Leaping eels electrify threats, supporting Humboldt's account of a battle with horses«, in: *Proceedings of the National Academy of Sciences* 113:25 (21. Juni 2016), S. 6979–6984.

Zu Humboldts Tierleben: Matthias Glaubrecht, »Vom Fettschwalm, Manati und Zitteraal – Alexander von Humboldts Tierleben«, Transversalkommentar in: Alexander von Humboldt, *Sämtliche Schriften: Aufsätze, Artikel, Essays (Berner Ausgabe),* 7 Textbände mit 3 Apparatbänden, herausgegeben von Oliver Lubrich und Thomas Nehrlich, München: dtv 2019.

Editorische Notiz

Dieser Band präsentiert 15 Tiertexte aus Alexander von Humboldts Gesamtwerk. Die historischen Texte sind hier erstmals für eine breitere Öffentlichkeit zusammengestellt. Zu Humboldts Lebzeiten erschienen sie entweder in seinen Buchwerken oder als Aufsätze, Artikel, Essays und Briefabdrucke in Zeitschriften und Zeitungen.

Buchwerke

Innerhalb des monumentalen Werks über seine Amerika-Reise, der *Voyage aux régions équinoxiales du Nouveau Continent*, widmete Humboldt zwei Bände der Zoologie: Das *Recueil d'observations de zoologie et d'anatomie comparée* (1811–1833) enthält 26 Abhandlungen mit 58 Bildtafeln. Acht dieser Tiertexte erschienen in deutscher Sprache, zwischen 1806 und 1809 unter dem Titel *Beobachtungen aus der Zoologie und vergleichenden Anatomie*. Die Übersetzungen wurden von Humboldt selber bearbeitet oder entstanden unter seiner Aufsicht. Beide Werke wurden seit dem 19. Jahrhundert nie neu aufgelegt, sie sind nur als historische Erstausgaben in Bibliotheken zugänglich. Für den vorliegenden Band wurden aus ihnen die Texte über die Löwenaffen, die Kraterfische und die Kondore ausgewählt.

Weitere Tier-Episoden sind Humboldts dreibändigem Reisebericht, der *Relation historique* (1814–1831), entnommen. Hier erscheinen sie nicht als einzelne Abhandlungen, sondern eingebettet in den Reisebericht. Die Passagen zu den Nachtvögeln und den Jaguaren stammen aus dem ersten Band der französischen Originalausgabe (Nachtvögel: S. 416–419, Jaguare: S. 386–389). Für die Übersetzung wurde auf den zweiten Band der ersten deutschen Fassung zurückgegriffen, *Reise in die Aequinoctial-Gegenden des neuen Continents* (1815–1832).

Im Original auf Deutsch veröffentlichte Humboldt 1808 eine Sammlung von Naturbeschreibungen aus den amerikanischen Tropen. Diese *Ansichten der Natur* überarbeitete und erweiterte er in einer zweiten Auflage 1826 und in einer dritten 1849. Bereits in der ersten Auflage ist der Text »Ueber die Wasserfälle des Orinoco bei Atures und Maypures« enthalten, der mit der Episode über den Aturen-Papagei endet. In der dritten Auflage hat Humboldt dieser Abhandlung ein Gedicht von Ernst Curtius über den Papageien hinzugefügt. Für den vorliegenden Band wurde sowohl für Humboldts Text als auch für das Gedicht, das im Nachwort abgedruckt ist, auf die dritte Auflage zurückgegriffen. Die Abhandlung »Das nächtliche Thierleben im Urwalde« erschien nur in der dritten Auflage.

Kleinere Schriften

Die acht übrigen Texte stammen aus wissenschaftlichen, literarischen oder politischen Zeitschriften und Zeitungen. Diese »unselbständig« – also nicht in Buchform – erschienenen Aufsätze, Artikel und Essays Alexander von Humboldts wurden bislang nur in Einzelfällen posthum nachgedruckt, sie waren als Werkgruppe nicht erschlossen, die meisten selbst der Humboldt-Forschung nicht bekannt. Die Texte über die Medusen, die Zitterrochen, die Seekühe, die Krokodile und die Höhle der Nachtvögel wurden weder zu Humboldts Lebzeiten noch posthum nachgedruckt; die Texte über die Zitteraale, das Affenmahl und die Moskitos erst 2009 in *Das große Lesebuch*, herausgegeben von Oliver Lubrich im Frankfurter S. Fischer Verlag. Dieses *Lesebuch* bereitet zusammen mit zwei weiteren Auswahl-Ausgaben (*Ueber die Urvölker von Amerika und die Denkmähler welche von ihnen übrig geblieben sind. Anthropologische und ethnographische Schriften*, 2009; *Ueber die künftigen Verhältnisse von Europa und Amerika. Politische und historiographische Schriften zur Neuen Welt*, 2010, beide herausgegeben von Oliver Lubrich in Hannover im Wehrhahn Verlag) eine Gesamtausgabe von Humboldts über 1000 Schriften vor: Alexander von Humboldt, *Sämtliche Schriften: Aufsätze, Artikel, Essays (Berner Ausgabe)*, 7 Textbände mit 3 Apparatbänden, herausgegeben von Oliver Lubrich und Thomas Nehrlich, München: dtv 2019. Mitarbeit: Sarah Bärtschi und Michael Strobl, Mitherausgeber: Yvonne Wübben (Bd. I: Texte 1789–1799), Rex Clark (Bd. II: Texte 1800–1809), Jobst Welge (Bd. III: Texte 1810–1819), Norbert Wernicke (Bd. IV:

Texte 1820–1829), Bernhard Metz (Bd. V: Texte 1830–1839), Jutta Müller-Tamm (Bd. VI: Texte 1840–1849), Joachim Eibach (Bd. VII: Texte 1850–1859); Redakteure: Norbert Wernicke (Apparatband, Kommentarband), Johannes Görbert (Forschungsband), Corinna Fiedler (Übersetzungsband), Beirat: Michael Hagner (Zürich), Eberhard Knobloch (Berlin), Alexander Košenina (Hannover), Hinrich C. Seeba (Berkeley).

Bilder

Tierbilder von Alexander von Humboldt

Nur in Humboldts historischen Buchwerken oder verstreut in den Zeitschriften einsehbar waren bis vor kurzem auch Humboldts Bilder. Erst 2014 erschienen sämtliche 1512 Abbildungen, die Humboldt veröffentlichte, in einem Band zusammengestellt: *Das graphische Gesamtwerk*, herausgegeben von Oliver Lubrich, unter Mitarbeit von Sarah Bärtschi, in Darmstadt bei Lambert Schneider. Im hier vorliegenden Band sind 11 Tafeln aus Humboldts graphischem Werk enthalten: Die Bildtafeln »Gymnotus æquilabiatus« / »Gymnotus electricus«, »Crocodilus orinoci« / »Simia seniculus«, »Simia leonina«, »Simia trivirgata«, »Simia satanas«, »Simia melanocephala«, »Simia ursina«, »Steatornis caripensis«, »Eremophilus mutisii«, »Astroblepus grixalvii« / »Pimelodus cyclopum« und die beiden »Vultur gryphus« stammen aus Humboldts *Recueil d'observations de zoologie et d'anatomie comparée* und wurden aus der französischen Originalausgabe reproduziert, mit freundlicher Genehmigung der Universitätsbibliothek Bern. Die beiden Tafeln zu den Seekühen waren der Zeitschrift *Archiv für Naturgeschichte* beigelegt, die Falttafel »Al. v. Humboldts nächtliche Scene am Orinoco« den *Allgemeinen Geographischen Ephmeriden.* Alle drei fotografierte Hans Grunert in der Universitätsbibliothek Bern. Die Tafeln werden in diesem Band ohne Tafelnummern und Bildunterschriften abgedruckt; diese Begleittexte sind jedoch im Abbildungsverzeichnis dokumentiert. Wenn einzelne Tafeln verschiedene Körperteile von Tieren enthalten, sind diese zur besseren Darstellung nicht immer in ihrer originalgetreuen Anordnung wiedergegeben und Bildbeschriftungen wurden teilweise transkribiert oder editorisch hinzugefügt. Zu einigen der Bildtafeln fügte Humboldt detaillierte Erklärungen hinzu, die hier jeweils unter den Tafeln abgedruckt sind. Ihre Quellen sind im Abbildungsverzeichnis angegeben.

Landschaftsbilder von Ferdinand Bellermann

Die vier Kapitel dieses Bandes werden jeweils durch Ölgemälde von Ferdinand Bellermann (1814–1889) eröffnet. Humboldt schätzte die künstlerischen Arbeiten des deutschen Landschaftsmalers und verhalf ihm durch seinen Einfluss und seine Kontakte zu einer Studienreise nach Venezuela (1842–1845). Bellermann wurde durch Humboldt instruiert, bestimmte Landschaften wie den Eingang zur Guácharo-Höhle von Caripe zu malen.

Textkonstitution

Um Humboldts Stil zu bewahren, werden seine Texte so weit wie möglich in ihrer ursprünglichen Form belassen und sind daher in historischer Orthographie und Interpunktion wiedergegeben. Auf editorische Eingriffe und Kommentare wurde verzichtet. Nur offensichtliche Satzfehler beim Druck sind stillschweigend bereinigt worden. Die An- und Abführungszeichen wurden modernisiert und vereinheitlicht. Typographische Hervorhebungen sind originalgetreu wiedergegeben.

Die Titel der Originaltexte sind durch die Angabe der jeweiligen Tiere ersetzt worden. Im Quellenverzeichnis sind die Titel vollständig abgedruckt. Fußnoten zu den Titeln wurden gestrichen, weil sie entweder den Namen des Autors oder die Quelle angeben. Alle anderen Fußnoten wurden belassen, aber nicht originalgetreu nummeriert. Die beiden Texte aus den *Ansichten der Natur* enthalten im Original Endnoten, die hier in Fußnoten umgewandelt wurden. Einige der Veröffentlichungen aus Zeitschriften enthalten Fußnoten der Herausgeber, die ebenfalls wiedergegeben werden. Abweichungen in den Unterzeichnungen, z. B. einmal »Herausgeber«, einmal »D. H.«, ergeben sich aus den zeitschriftenspezifischen Konventionen. Die Texte zu den Moskitos und zur Höhle der Nachtvögel sind im Original durch einen Herausgeber eingeleitet; diese Einleitungen sind hier weggelassen.

Kollationiert wurden die Texte von Sarah Bärtschi, außer der Text zu den Seekühen von Thomas Nehrlich und die Texte zu den Medusen, Moskitos und zur Höhle der Nachtvögel von Michael Strobl; jeweils im Rahmen des Editionsprojekts Alexander von Humboldt, *Sämtliche Schriften: Aufsätze, Artikel, Essays (Berner Ausgabe).*

Quellenverzeichnis

Im Wasser

Medusen
»Humboldt über das Leuchten des Meeres«, in: *Der Gesellschafter oder Blätter für Geist und Herz* 33 (27. Februar 1829), S. 170–171.

Zitteraale
»Jagd und Kampf der electrischen Aale mit Pferden. Aus den Reiseberichten des Hrn. Freiherrn Alexander v. Humboldt«, in: *Annalen der Physik* 25:1 (1807), S. 34–43.

Zitterrochen
»Versuche über den Zitterrochen. Von A. v. Humboldt und Gay-Lussac. (Aus einem Briefe des erstern an Berthollet, datirt Rom 15. Fruct. 13). Uebersetzt von A. F. Gehlen«, in: *Neues allgemeines Journal der Chemie* 6:2 (1806), S. 166–172.

Seekühe
»Ueber den Manati des Orinoko von Herrn A. v. Humboldt. (Aus dessen französischen Manuscripten übersetzt vom Herausgeber)«, in: *Archiv für Naturgeschichte* 4:1 (1838), S. 1–10.

Krokodile
»Etwas von den Amerikanischen Krokodilen«, in: *Neue Berlinische Monatschrift* 11 (Juni 1804), S. 437–441.

In den Wäldern

Moskitos
»Beiträge zur Naturgeschichte der Mosquitos«, in: *Notizen aus dem Gebiete der Natur- und Heilkunde* 3:51/7 (September 1822), Sp. 97–103.

Löwenaffen
»Über den Löwen-Affen, eine neue Species aus den Missionen des Putumayo«, in: *Beobachtungen aus der Zoologie und vergleichenden Anatomie*, Tübingen: F. G. Cotta / Paris: Levrault, Schœll und Compagnie 1806, S. 27–32.

Klammeraffen
»Auszüge aus einigen Briefen des Frhrn. Alex. v. Humboldt an den Herausgeber (Hierzu gehört die Skizze einer nächtlichen Scene am Orinoko.)«, in: *Allgemeine Geographische Ephemeriden* 22:1 (Januar 1807), S. 107–112.

Nachtaffen
»Das nächtliche Thierleben im Urwalde«, in: *Ansichten der Natur, mit wissenschaftlichen Erläuterungen. Dritte verbesserte und vermehrte Ausgabe*, 2 Bände, Stuttgart / Tübingen: J. G. Cotta 1849, Band 1, S. 317–340.

In den Höhlen

Nachtvögel
Reise in die Aequinoctial-Gegenden des neuen Continents in den Jahren 1799, 1800, 1801, 1802, 1803 und 1804, 6 Bände, Stuttgart / Tübingen: J. G. Cotta 1815–1832, Band 2 (1818), S. 107–112.

Die Höhle der Nachtvögel
[Ueber die große Cueva, oder die Felshöhle von Guacharo in Cumana],

in: *Mineralogisches Taschenbuch für das Jahr 1821* 15:1 (1821), S. 238–261.

Jaguare
Reise in die Aequinoctial-Gegenden des neuen Continents in den Jahren 1799, 1800, 1801, 1802, 1803 und 1804, 6 Bände, Stuttgart / Tübingen: J. G. Cotta 1815–1832, Band 2 (1818), S. 57–63.

Der Aturen-Papagei
Ansichten der Natur, mit wissenschaftlichen Erläuterungen. Dritte verbesserte und vermehrte Ausgabe, 2 Bände, Stuttgart / Tübingen: J. G. Cotta 1849, Band 1, S. 361, 278–286, Gedicht zum Aturen-Papagei: Endnote 12, S. 314–316.

In den Lüften

Kraterfische
»Über eine neue unterirdische Art der Fisch-Gattung Pimelodes, welche von den Vulkanen des Königreichs Quito in grosser Menge ausgeworfen wird«, in: *Beobachtungen aus der Zoologie und vergleichenden Anatomie*, Tübingen: F. G. Cotta / Paris: Levrault, Schœll und Compagnie 1806, S. 39–48.

Kondore
»Versuch einer Naturgeschichte des Condor. (Vultur Gryphus Linn.)«, in: *Beobachtungen aus der Zoologie und vergleichenden Anatomie*, Tübingen: F. G. Cotta / Paris: Levrault, Schœll und Compagnie 1806, S. 128–139 [159].

Abbildungsverzeichnis

In den Wäldern

S. 42 Ferdinand Bellermann,
Südamerikanische Urwaldlandschaft,
1863, Öl auf Leinwand
– Stiftung Preußische Schlösser und Gärten Berlin-Brandenburg / Wolfgang Pfauder

Löwenaffen
S. 57 Alexander von Humboldt,
Simia leonina
– Pl. V. Simia leonina. Humboldt del.
– als Tafel in: *Recueil d'observations de zoologie et d'anatomie comparée,* Band 1, Paris: Schoell / Dufour 1811.
– Reproduktion: Universitätsbibliothek Bern, Sign. MUE Kp IV 46 : 1

Klammeraffen
S. 62 Alexander von Humboldt,
Nächtliche Scene am Orinoco
– Al. v. Humboldts nächtliche Scene am Orinoco. A. G. Ephem. 1807. 1 Str.
– als Falttafel zu: »Auszüge aus einigen Briefen des Frhrn. Alex. v. Humboldt an den Herausgeber (Hierzu gehört die Skizze einer nächtlichen Scene am Orinoko.)«, in: *Allgemeine Geographische Ephemeriden* 22:1 (Januar 1807), S. 107–112.
– Reproduktion: Universitätsbibliothek Bern, Sign. BeZ JL 163 : 22, fotografiert von Hans Grunert

Nachtaffen
S. 72 Alexander von Humboldt,
Simia seniculus
– Pl. IV. [nur obere Hälfte abgedruckt, Figuren I–III:] N.° IX. Simia seniculus. Humboldt del. 1801.
– als Tafel in: *Recueil d'observations de zoologie et d'anatomie comparée,* Band 1, Paris: Schoell / Dufour 1811; Erklärung der Bildtafel: *Beobachtungen aus der Zoologie und vergleichenden Anatomie,* Tübingen: F. G. Cotta 1806, S. 25.
– Reproduktion: Universitätsbibliothek Bern, Sign. MUE Kp IV 46 : 1
S. 75 Alexander von Humboldt,
Simia trivirgata
– Pl. XXVIII. Simia trivirgata. Huet fils, d'après une esquisse de M.r de Humboldt. Bouquet sculpsit. De l'Imprimerie de Langlois.
– als Tafel in: *Recueil d'observations de zoologie et d'anatomie comparée,* Band 1, Paris: Schoell / Dufour 1811.
Reproduktion: Universitätsbibliothek Bern, Sign. MUE Kp IV 46 : 1
S. 76 Alexander von Humboldt,
Simia ursina
– Pl. XXX. Simia ursina. Huet fils 1807. Bouquet sculpsit. De l'Imprimerie de Langlois.
– als Tafel in: *Recueil d'observations de zoologie et d'anatomie comparée,* Band 1, Paris: Schoell / Dufour 1811.
– Reproduktion: Universitätsbibliothek Bern, Sign. MUE Kp IV 46 : 1
S. 77 Alexander von Humboldt,
Simia melanocephala
– Pl. XXIX. Simia melanocephala. Huet fils, d'après une esquisse de M.r de Humboldt. Bouquet sculpsit. De l'Imprimerie de Langlois.
– als Tafel in: *Recueil d'observations de zoologie et d'anatomie comparée,* Band 1, Paris: Schoell / Dufour 1811.
– Reproduktion: Universitätsbibliothek Bern, Sign. MUE Kp IV 46 : 1
S. 78 Alexander von Humboldt,
Simia satanas
– Pl. XXVII. Simia satanas. Hofm. Waitsch pinx. Berol. 1807. Bouquet sculp. [Eigentlich: Weitsch.]
– als Tafel in: *Recueil d'observations de zoologie et d'anatomie comparée,* Band 1, Paris: Schoell / Dufour 1811.

–Reproduktion: Universitätsbibliothek Bern, Sign. MUE Kp IV 46:1

In den Höhlen

S. 80 Ferdinand Bellermann,
Die Guácharo-Höhle, 1843, Öl auf Leinwand
– bpk/Kupferstichkabinett, SMB/ Volker-H. Schneider

Nachtvögel

S. 85 Alexander von Humboldt,
Steatornis caripensis
– Pl. XLIV. Steatornis caripensis. Huet, d'après un dessin de M.r de Humboldt. Gravé par Coutant 1817.
– als Tafel in: *Recueil d'observations de zoologie et d'anatomie comparée,* Band 2, Paris: Smith/Gide 1833.
– Reproduktion: Universitätsbibliothek Bern, Sign. MUE Kp IV 46:2

In den Lüften

S. 110 Ferdinand Bellermann,
Hochgebirgstal bei Mérida, 1844–1845, Öl auf Leinwand
– bpk/Kupferstichkabinett, SMB/ Volker-H. Schneider

Kraterfische

S. 117 Alexander von Humboldt,
Eremophilus mutisii
– Pl. VI. Eremophilus mutisii. Humboldt. del.
– als Tafel in: *Recueil d'observations de zoologie et d'anatomie comparée,* Band 1, Paris: Schoell/Dufour 1811.
– Reproduktion: Universitätsbibliothek Bern, Sign. MUE Kp IV 46:1

S. 119 Alexander von Humboldt,
Astroblepus grixalvii und *Pimelodus cyclopum*
– Pl. VII. Astroblepus grixalvii. Pimelodus cyclopum. Humboldt del. 1801.
– als Tafel in: *Recueil d'observations de zoologie et d'anatomie comparée,* Band 1, Paris: Schoell/Dufour 1811.
– Reproduktion: Universitätsbibliothek Bern, Sign. MUE Kp IV 46:1

Kondore

S. 124 Alexander von Humboldt,
Vultur gryphus
– Pl. VIII. Vultur gryphus Lin. A. Humboldt del.t Barraband perf.t Bouquet sculp.t Langlois Imp.
– als Tafel in: *Recueil d'observations de zoologie et d'anatomie comparée,* Band 1, Paris: Schoell/Dufour 1811; Erklärung der Bildtafel: *Beobachtungen aus der Zoologie und vergleichenden Anatomie,* Tübingen: F. G. Cotta 1806, S. 139 [159].
– Reproduktion: Universitätsbibliothek Bern, Sign. MUE Kp IV 46:1

S. 126 Alexander von Humboldt,
Vultur gryphus (Kopf und Klaue)
– Pl. IX. Vultur gryphus. Lin. Ad Nat. del. A. Humboldt 1802. Bouquet sculp. De l'Imprimerie de Langlois.
– als Tafel in: *Recueil d'observations de zoologie et d'anatomie comparée,* Band 1, Paris: Schoell/Dufour 1811; Erklärung der Bildtafel: *Beobachtungen aus der Zoologie und vergleichenden Anatomie,* Tübingen: F. G. Cotta 1806, S. 139 [159].
– Reproduktion: Universitätsbibliothek Bern, Sign. MUE Kp IV 46:1

Dank

Mein herzlicher Dank geht zunächst an Oliver Lubrich, der mich mit Alexander von Humboldts Werken vertraut gemacht und mir so einen neuen Horizont eröffnet hat. Oliver Lubrich hat mich von Anfang an zu diesem Projekt motiviert und stand mir bei dessen Entwicklung beratend zur Seite. Als Herausgeber von mehreren Buchwerken Humboldts und Leiter des Editionsprojekts *Alexander von Humboldt. Sämtliche Schriften* hat er mir den Weg zum Material geebnet und mir viele Fährten gezeigt. Wichtige Unterstützung erhielt ich auch von meinen Kollegen Michael Strobl und Thomas Nehrlich, die mit ihrer Humboldt-Expertise wesentlich zum Gelingen dieses Buches beigetragen haben. Ein großer Dank geht zudem an Jobst Welge und David Wagner, die mir den Weg zum Verlag gebahnt haben, an Hans Grunert und Sabine Schlüter für die Reproduktionen sowie an Matthias Glaubrecht, Winfried Stephan, Nicole Weber, Elias Zimmermann, Joel Weibel, David Bärtschi und meine Eltern für den anregenden Austausch.

Inhaltsverzeichnis

Erste Auflage Berlin 2019

Gestaltet und gesetzt von Pauline Altmann, Berlin.
Verwendet wurde die Schrift Prillwitz,
entworfen von Johann Carl Ludwig Prillwitz und Ingo Preuss.
Die Herstellung besorgte Hermann Zanier, Berlin.
Gedruckt und gebunden von Pustet, Regensburg.

ISBN 978-3-932109-90-4

www.friedenauer-presse.de

Karibisches Meer
CARTAGENA
Krokodile
PANAMA
Pazifischer
Ozean
BOGOTÁ
Löwenaffen
Kondore
QUITO
Kraterfische
CHIMBORAZO